Ullstein Sachbuch

ZUM BUCH:

Eugène N. Marais starb in Südafrika, als die moderne Verhaltensforschung in Europa ihre ersten vorsichtigen Schritte tat. Dennoch gehört sein Buch *Die Seele der weißen Ameise* zu den klassischen Werken der Ethologie. Durch seine Erkenntnisse und Beobachtungsmethoden gilt er als ein Wegbereiter dieser Forschungsrichtung.
Im vorliegenden Buch, einer Zusammenstellung seiner bereits zuvor in Fachzeitschriften publizierten Artikel zu diesem Thema, stellt Marais seine damals völlig neuartigen, sehr persönlichen Theorien über die Termiten und ihre Staatenbildung vor. Seine Grundidee ist, den tierischen Organismus – in diesem Fall den Termitenbau als »zusammengesetztes Tier« – und die tierische Psyche in Beziehung zum Menschen zu setzen. Von diesem Ansatz her untersucht er Organisationsform und Hierarchie des Termitenstaates und versucht die Rätsel zu lösen, die die Termitenkönigin auch heute noch umgeben.

ZUM AUTOR:

Eugène Nielen Marais wurde am 9. 1. 1872 bei Pretoria in Südafrika geboren.
Er übte im Laufe seines Lebens die verschiedensten Berufe – wie Journalist, Verleger und Rechtsanwalt – aus. Außerdem veröffentlichte er Gedichte und Prosa in Afrikaans und schrieb Artikel zur Tierverhaltensforschung, ein Gebiet, das ihn von Jugend an brennend interessierte.
Daß ein Plagiat seines wohl bedeutendsten Werkes, *Die Seele der weißen Ameise*, nämlich das von Maurice Maeterlinck herausgegebene Buch *Das Leben der Termiten,* den wissenschaftlichen Ruhm einstrich, der ihm verwehrt worden war, führte zur Verbitterung und schließlich wohl auch zum Selbstmord Marais' (29. 3. 1936).
Seinen Büchern war später in Europa und Amerika großer Erfolg beschieden, *Die Seele der weißen Ameise* wurde zum Weltbestseller.

Eugène N. Marais

Die Seele der weißen Ameise

Mit einem Vorwort von Richard Gerlach

Mit 18 Abbildungen

Ullstein Sachbuch

Ullstein Sachbuch
Ullstein Buch Nr. 34374
im Verlag Ullstein GmbH,
Frankfurt/M – Berlin
Originaltitel in Afrikaans:
Die Siel von die Mier
Übersetzt von Margarete von
der Groeben (nach der englischen
Übersetzung von Winifred de Kok)

Ungekürzte Ausgabe

Umschlagentwurf:
Hansbernd Lindemann
Unter Verwendung eines Fotos
von Klaus Paysan

Printed in Germany 1987
Druck und Verarbeitung:
Clausen & Bosse, Leck
ISBN 3 548 34374 0

März 1987

CIP-Kurztitelaufnahme
der Deutschen Bibliothek

Marais, Eugène:
Die Seele der weißen Ameise /
Eugène Marais. Mit e. Vorw. von
Richard Gerlach. [Übers. von Margarete
von der Groeben (nach d. engl. Übers.
von Winifred de Kok)]. –
Ungekürzte Ausg. – Frankfurt/M;
Berlin: Ullstein, 1987.
(Ullstein-Buch; Nr. 34374:
Ullstein-Sachbuch)
Einheitssacht.: Die siel van
die mier ⟨dt.⟩
ISBN 3-548-34374-0

NE: GT

Inhalt

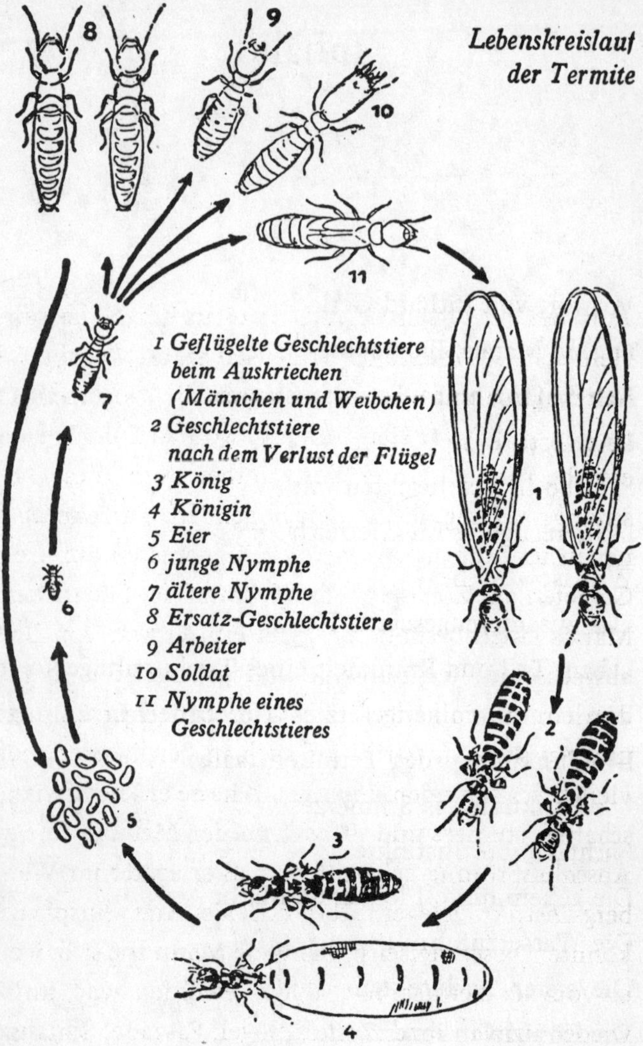

Lebenskreislauf der Termite

Vorwort

Als Eugène Nielen Marais 1936 in der Nähe seiner Heimatstadt Pretoria in Transvaal starb, war die Verhaltensforschung in Europa durch die Vogelbeobachtungen von Oskar Heinroth und Konrad Lorenz gerade erst begründet. Unter den Vorbereitern dieser Forschungsrichtung, die in den folgenden Jahrzehnten zu neuen und oft überraschenden Ergebnissen auf vielen Gebieten der Zoologie führte, nimmt der Südafrikaner Marais einen besonderen Platz ein. Er war von Beruf abwechselnd Rechtsanwalt und Journalist und hatte durch seine volkstümlich geschriebenen Erzählungen und Aufsätze in Afrikaans auch in den Niederlanden viele Leser gefunden. In England hatte er Rechtswissenschaften studiert und es auch in der Medizin fast zur Abschlußprüfung gebracht, so daß er später im Waterberg-Distrikt gelegentlich auch als Arzt einspringen konnte. Dieser vielseitig gebildete Mann zog sich, wenn er von der Berufsarbeit müde geworden war, immer wieder auf das Land zurück, Vögel, Paviane, Schlangen und Insekten beobachtend. Seine Berichte über das, was er gesehen hatte, fanden in englischen wissenschaftlichen Zeitschriften Beachtung. Als Maurice Maeterlinck 1927 sein »Leben der Termiten« und 1930 sein »Leben der Ameisen« schrieb, hatte die belgische und französische Presse schon manche der Termiten-Artikel von Marais abgedruckt.

Es gibt sehr verschiedene Definitionen des Begriffs Seele. Nach Marais liegt sie außerhalb des Bereichs unserer Sinne, ruft aber Zustände der Materie hervor, die von den Sinnen erfaßt werden. Das Leben vollzieht sich in Bewegung. Auch die Pflanzen bewegen sich, so z. B. wenn sich eine Ranke dem Stab zuwendet, an dem sie sich festhalten kann, oder wenn sich eine Blüte am Abend schließt und nach Sonnenaufgang wieder öffnet. Der Mechanismus von Flugsamen kann so eingerichtet sein, daß sie über feuchtem Boden sofort niedersinken; nur hier können sie keimen. Wer aus einer Bewegung auf eine Seele schließen wollte, müßte sie auch den Pflanzen, deren Knospen sich entfalten, zuschreiben. Dann gelangt man zu einem so weiten Begriff, daß das Leben selbst darunter zu verstehen wäre. Geheimnisvoll ist es, wie die Farben und Düfte vieler Blüten auf Insekten abgestimmt sind, ohne deren Berührung eine Bestäubung ausbliebe, keine Früchte hervorgebracht werden könnten und die Art ausstürbe.

Marais war der Meinung, daß die zweckmäßigen Bewegungen bei niederen Tieren nur da zustande kommen können, wo sie sich in erbmäßig vorherbestimmten Bahnen vollziehen. Das Gedächtnis, das den Instinkt weckt, soll nach seiner Hypothese genauso erbbestimmt sein, wie die körperlichen Organe. Er setzt ein »Erbgedächtnis« voraus. Wir verstehen nun aber heute unter dem Gedächtnis das, was das Individuum lernt und behält. Sicherlich werden die meisten Verrichtungen der niederen Tiere von angeborenen Mechanismen ausgelöst, wie sie Konrad Lorenz zuerst beschrieb. Jedoch wissen wir seit den Bienenbeobachtungen, die Karl von Frisch angestellt hat, daß die Arbeiterinnen des Bienenstocks auf Grund gemachter Erfahrungen handeln, wenn sie den Sammlerinnen durch Tänze mitteilen, in welchem Winkel zur Sonne und wie weit sie fliegen müssen, um zu den ergiebigsten Blüten zu gelangen. Der Duft sagt ihnen, welche Blume die Kundschafterin bezeichnen wollte; sie strömte ihn selbst aus. Das Ziel können die neu in die Luft Geschickten ohne Führerin ansteuern: Sie erreichen es selbst dann, wenn die Sonne nicht sichtbar ist, sondern nur der blaue Himmel.

Zur Zeit von Marais traute man den Insekten dergleichen nicht zu. Was er die »Gruppenseele« nennt, hat man bei den Bienen als »der Bien« bezeichnet, als eine

Kraft, die den Staat zusammenhält. Es kommen bei ihnen Bewegungen vor, die allein dem Wohlergehen der Gemeinschaft dienen. Marais meinte noch, daß nur die Menschen und die höheren Affen ein individuelles Gedächtnis besäßen.

Die höchste Intelligenz unter den Insekten haben Hautflügler wie die Sandwespen, welche die Eingänge verschiedener Höhlen wiederfinden, wenn sie ihren Larven nach einer bestimmten Zeit neue Raupen zum Fraß bringen wollen. Das setzt eine genaue Unterscheidung optischer Merkmale und zuverlässige Erinnerung voraus. Es gibt Sandwespenarten, die den Boden nach dem Höhlenbesuch mit aufgenommenen Steinchen wieder glatt stampfen. Dieser Werkzeuggebrauch wird allerdings vererbt und ist der individuellen Intelligenz nicht zuzurechnen.

Zu den Hautflüglern gehören auch die staatenbildenden Wespen, Hummeln, Bienen und Ameisen. Diese machen alle eine vollkommene Verwandlung durch; aus ihren Eiern gehen Larven hervor, die sich verpuppen und bewegungslos werden, bis dann aus den Puppen die Imagos, die fertigen Insekten, schlüpfen. Das Zusammenleben in Staaten wird durch ererbte Instinkte geregelt, schließt aber Intelligenz, die sich individuell nach den besonderen Verhältnissen richtet, nicht aus. Bei den Hautflüglern sind die Hinterflügel kleiner als die Vorderflügel. Bei den zu den Netzflüglern gehörenden Termiten dagegen sind alle vier Flügel gleich groß. Die Ameisen sind mit den Termiten nicht näher verwandt. Die Jugendentwicklung der Termiten verläuft ganz anders; sie machen nach dem Auskriechen aus dem Ei als Larven eine Reihe von Häutungen durch, und die Arbeiter und Soldaten kommen über die Larvenstufe nie hinaus, es sind durch besondere Ernährung jugendlich gebliebene Männchen. Die entwickelten Geschlechtstiere dagegen haben Flügel, die sie nur ein einziges Mal zum Fluge benutzen. Bei der Rückkehr auf den Boden werfen sie die Flügel ab. Ihr Flug dient nicht wie bei den Bienen und Ameisen der Vereinigung der Geschlechter, sondern dazu, sie von dem alten Termitenbau fortzuführen, damit in einigem Abstand von diesem ein neuer Staat gegründet werde. Wie das vor sich geht, hat Marais an südafrikanischen Termiten genau beobachtet. Nach dem blitzschnellen Abwerfen der Flügel stützt sich das Weibchen auf seine Vorderbeine, hebt den Hinterleib in die Luft und gibt ein Geruchssignal, das unsere Nase nicht wahrnimmt. Aber die Hundenase ist feiner, und ein Pointer kann das signalisierende Weibchen hundert Meter weit gegen den Wind aufspüren.

Daß der Duft eines Weibchens des Großen Nachtpfauenauges die Männchen aus weiter Entfernung herbeilockt, war noch nicht nachgewiesen, als der französische Insektenforscher Jean-Henri Fabre zu Anfang unseres Jahrhunderts seine Versuche mit diesen Schmetterlingen machte. Heute besteht kein Zweifel mehr daran, und wir wissen auch, daß das Weibchen, sobald es begattet ist, keinen Duft mehr aussendet.

Eugène Marais vermutete, daß das Termitenweibchen eine Ätherwelle aussendet, die von uns als Geruch wahrgenommen würde, wenn sie die Empfindungsschwelle unserer Sinne überschreiten könnte. Er hielt die Annahme für falsch, daß Gerüche aus Gasen oder mikroskopisch kleine Substanzen bestehen. Tatsächlich handelt es sich aber um eine Verdünnung des Geruchsstoffes, der auf die vorderen Glieder der Insektenfühler, die Geruchsorgane, gelangt. Marais glaubte nicht an die ausschließlich physikalische Substanz des Geruches und führte als Beweis dafür an, daß man einen großen Raum zehn Jahre lang durch ein Stückchen Moschus mit Duft erfüllen könne, ohne daß es etwas an Gewicht verliere. Für die Termiten wird das ganze Leben durch Geruchswahrnehmungen bestimmt. Wenn das Weibchen nach der Landung und dem Flügelabwerfen ein Männchen herbeigerufen hat, suchen die beiden einen geeigneten Platz für das Nest und begatten sich später hier. Es muß eine Stelle sein, die genug Feuchtigkeit für den enormen Wasserverbrauch des zukünftigen

Staates oder die Möglichkeit zum Bohren tiefer Brunnen bis zum Grundwasserspiegel hinab bietet. Auch darf es nicht an unterirdisch zu erreichendem Holz fehlen.

Das Männchen und das Weibchen übernehmen zuerst den Nestbau, bei manchen Arten gemeinsam; doch kann bei anderen das Männchen oder das Weibchen allein graben. Zuerst legt das Weibchen nur wenige Eier, und die ersten Arbeiter werden von dem Paar herangezogen. Die Eltern sind braun und haben Augen; die Larven sind blind und pigmentlos: daher die Benennung »Weiße Ameisen«. Aber sie sind von den Ameisen grundverschieden. Die Termiten-Arbeiter kommen nie ans Licht. Stockfinster ist die Kammer, die für das Paar gebaut wird. Sie muß erweitert werden, wenn die Mutter wächst. Die Lärvchen belecken und füttern die Riesin und nehmen sich der Eier an. Es können zehn Millionen in einem Jahr werden. Wenn das Paar zehn Jahre lang Nachkommen hervorgebracht hat, ergibt sich eine Zahl von hundert Millionen. Ihr Dasein im Dunkeln ist von einer Wirksamkeit, welche die aller anderen Tiergruppen in den Tropen und Subtropen übertrifft. 1700 Arten leben hier auf verschiedene Weise.

Die Titel »Königin« und »König« für die große Eierlegerin und ihren Begatter könnten zu der Vorstellung verleiten, daß von ihnen eine Herrschaft ausgeübt würde. Man kann sie jedoch nur ironisch »Majestäten« nennen; sie bleiben zeitlebens eingemauert und bewacht. Die Arbeiter verfahren mit ihnen, wie es zum Wohle des Ganzen notwendig ist, und die Soldaten sind bereit, sie jederzeit zu verteidigen. Bei einigen Termitenarten schlagen sie ihre Kiefer fest in Angreifer und lassen nicht los, auch wenn man sie zerreißt. Andere Arten machen Gegner wehrlos, indem sie ihnen die Mundwerkzeuge bespritzen und verkleben. Eugène Marais stellte die Frage, wie diese Instinkthandlungen in die Soldaten hineinkamen. Ihre Eltern haben sich seit vielen Generationen nicht auf ähnliche Weise verteidigt, dazu hatten sie in ihrer Kammer gar keine Gelegenheit. Wenn wir aber voraussetzen, daß der Ablauf von Instinkthandlungen ererbt ist, so scheint das Verhalten der Termitensoldaten dem zu widersprechen. Die Eltern haben zwar nach der Nestgründung selbst Nahrung herbeischaffen müssen, sind aber später ganz auf ihre Larven angewiesen, die sich auch ohne Anleitung weiterhin der Aufzucht der jungen Larven annehmen. Kann aber etwas vererbt werden, was von den Voreltern nie ausgeführt wurde? Wir kennen den Ablauf vieler Instinkte. Aber darüber, wie sie entstanden sind, wissen wir wenig.

Marais hat oft selbst beobachtet, wie das Leben in

einem Termitenstaat nach kurzer Zeit erlischt, wenn die Stammesmutter getötet wurde. Selbst wenn sie nur verletzt ist, bricht sofort eine Panik aus, und alle Zugänge zum Bau werden von Soldaten besetzt. Marais vergleicht den Termitenstaat mit dem menschlichen Körper. Die Arbeiter wären dann wie unsere roten Blutkörperchen, die Soldaten wie unsere weißen. Wenn unser Körper verletzt wird, sorgen die weißen Blutkörperchen dafür, daß die Wunde sich schließt. Die Stammesmutter wäre, wenn man Marais folgen will, dann so etwas wie unser Gehirn. Eine Verletzung des Gehirns führt den Tod herbei. Der Termitenstaat kann ohne seine Stammeseltern nicht weiterleben. Die schlimme Nachricht, die sich rasch im Termitenbau verbreitet, wird offenbar durch den Geruch sofort allen übermittelt.

Was Marais über den Schmerz der Königin und über ihre Geburtswehen beim Eierlegen sagt, ist eine Vermutung, die vom heutigen Standpunkt aus ziemlich riskant erscheint. Daß Schmerz bei der Geburt die Voraussetzung der Mutterliebe ist, ist eine gewagte Behauptung. Der Versuchung, die Termiten als Vor- oder Schreckbilder für die Planung der menschlichen Gesellschaftsformen hinzustellen, ist Marais jedoch nicht verfallen. Was im Termitenstaat geschieht, ist in langen Zeiträumen allmählich gewachsen, und nicht immer

können wir sagen, wie es dazu gekommen ist. Marais stellte fest, daß die geheimnisvolle Macht, die von der Königin ausgeht, nur innerhalb eines begrenzten Raumes gilt. Er spricht von einer psychischen Kraft der Königin, die bewirkt, daß die Insassen eines Nestes sich gegenseitig erkennen und fremde Termiten, die bei ihnen eindringen wollen, sofort bemerken. Der Geruch verrät sie. Marais stellte sich vor, daß das Gemeinschaftsleben der ursprünglich einzeln lebenden Insekten damit begann, daß sie, um ihre Eier und Larven vor Gefahren zu bewahren, in der Erde Geborgenheit suchten. Durch die Berührung mit den ausgeschlüpften Jungen kam eine Arbeitsteilung zustande. Wo diese am besten ausgewogen war, überlebten die Termiten.
Mit dieser Erklärung sind wir dem Plan des Gemeinwesens und der formvollendeten, im Dunkeln ausgeführten Architektur mit ihrer wunderbaren Anpassung an die Umgebung auf die Spur gekommen. Eugène Marais, der rastlos forschende Liebhaber, hat in das scheinbar automatisch verlaufende Leben der Termiten hineingeleuchtet, nach dem Sinn gesucht und ihn, soweit das einem Feldbeobachter in seiner Zeit möglich war, aufgedeckt.

Richard Gerlach

Eugène Marais
Biographie

Eugène Nielen Marais wurde am 9. Januar 1872 in der Nähe von Pretoria in Südafrika geboren. In Transvaal, Oranje Freistaat und in der Kapprovinz besuchte er verschiedene Schulen und kehrte Ende der achtziger Jahre in seine Heimatstadt Pretoria zurück.
Im Laufe seines Lebens wandte sich Marais mehreren völlig verschiedenen Berufen zu. In Pretoria begann er nach Beendigung seiner Schulzeit als erstes eine journalistische Karriere. Als Berichterstatter nahm er an den Sitzungen des »Volksraad« teil, wurde aber bald durch einen ausdrücklichen Parlamentsbeschluß von der Presse-Galerie verbannt, da er durch äußerst scharfe Artikel Ärgernis erregt hatte. Daraufhin betätigte sich der junge Mann als Verleger, gab einige englische und holländische Zeitungen heraus und wurde 1892, im Alter von 21 Jahren, Besitzer des Blattes »Land und Volk«. Nicht nur als Berichterstatter der Volksraads-Sitzungen hatte Marais bewiesen, daß er eine eigene Meinung

besaß und sich nicht scheute, sie laut auszusprechen. Er wagte es auch, öffentlich für General Joubert gegen Krüger Partei zu nehmen und wurde deshalb des Hochverrats angeklagt, vom Supreme Court in Pretoria jedoch freigesprochen.

Schon zu dieser Zeit zeigte sich Marais' großes Interesse für alle Arten von Tieren, besonders auch für Insekten. In seiner Wohnung hielt er zahme Affen, Schlangen, Skorpione und anderes Getier.

1894 heiratete er. Aber schon im folgenden Jahr starb seine Frau bei der Geburt eines Sohnes.

Bald darauf verließ Eugène Marais Afrika. Er ging nach Europa, ursprünglich um Medizin zu studieren, ließ sich dann jedoch von Freunden zum Jurastudium überreden – eine Entscheidung, die er später immer wieder bedauerte. Im Inner Temple in London qualifizierte er sich als Rechtsanwalt. Trotzdem hatte er seine medizinischen Studien nicht ganz aufgegeben, und nur der Ausbruch des Burenkrieges hinderte ihn daran, auch noch ein ärztliches Examen abzulegen.

Zuerst blieb Marais in England, dann bot sich ihm im weiteren Verlauf des Krieges die Möglichkeit, eine Expedition nach Zentralafrika zu begleiten. Er hoffte, seinen Landsleuten von dort aus mit Medikamenten, die er in England beschafft hatte, helfen zu können. Der Friedensschluß 1902 machte seine Pläne gegenstands-

los, und Marais kehrte nach Beendigung der Expedition nach Pretoria zurück.
Auch auf dieser Reise hatte er sich intensiv mit der Lebensweise der verschiedensten Tiere beschäftigt und seine zoologischen Kenntnisse vertieft.
Nun begann er seine Tätigkeit als Rechtsanwalt, kümmerte sich daneben um seine Zeitung und schrieb Gedichte in Afrikaans. 1910 siedelte er nach Johannesburg über, wo er eine Rechtsanwaltskanzlei eröffnete. Doch sein Aufenthalt dort war nicht von langer Dauer. Marais' Abneigung gegen seinen Beruf wurde immer heftiger, und dazu machten sich in zunehmendem Maße die seelischen Depressionen bemerkbar, die ihn, vor allem seit dem Tod seiner Frau, quälten. So gab er nach kurzer Zeit seine Praxis auf und zog sich in die Einsamkeit des Waterbergdistrikts zurück. Hier beschäftigte er sich ausschließlich mit der Beobachtung der Verhaltensweise von Tieren – ein Gebiet, das ihn schon immer fasziniert hatte.
Als einer der ersten studierte er das Verhalten einer Gruppe von Pavianen in ihrer natürlichen Umgebung über einen längeren Zeitraum hinweg. Während dieser Jahre sammelte er den größten Teil der Erfahrungen und Kenntnisse, die er später in seinem bekannten Buch »Die Seele des Affen« zusammenfaßte. Außerdem untersuchte er mit unendlicher Geduld die Lebens-

gewohnheiten der Termiten, wobei er zu verblüffenden Schlußfolgerungen gelangte. Nebenbei schrieb er weiterhin Artikel und Erzählungen für verschiedene Zeitschriften und betätigte sich unentgeltlich als ärztlicher Helfer bei der eingeborenen Bevölkerung.

Ende 1915 hatte er so sehr unter gesundheitlichen Störungen zu leiden, daß er das Leben in Waterberg aufgeben mußte. Er kehrte nach Pretoria zurück, wo sich sein Zustand bald so weit besserte, daß er sich entschloß, seine Tätigkeit als Rechtsanwalt wieder aufzunehmen, wenn auch nur vorübergehend. Dagegen setzte er seine literarische Arbeit ununterbrochen fort. Er publizierte nicht nur Erzählungen und Gedichte in Afrikaans – der Sprache, die er besonders liebte und deren Möglichkeiten neuer Wortbildungen und Ausdrucksweisen er mit Begeisterung ergriff –, sondern schrieb auch Beiträge für wissenschaftliche Fachzeitschriften und vollendete den Entwurf zu seinem Werk über »Die Seele des Affen«. In dieser Studie über das Verhalten der Affen und Paviane versuchte er zu neuen Erkenntnissen zu gelangen, indem er die intellektuellen Prozesse dieser Tiere soweit wie möglich mit denen des Menschen verglich.

Auch seine Arbeiten über den Termitenstaat kamen in dieser Zeit zu einem Abschluß. In einer Reihe von Artikeln veröffentlichte Marais seine völlig neuartigen

Theorien über die Termiten. Wie bei seinen Forschungen über die Affen war auch hier die grundlegende Idee der Versuch, den tierischen Organismus – in diesem Fall den Termitenbau als »zusammengesetztes Tier« – und die tierische Psyche in Beziehung zum Menschen zu setzen.

Einige Jahre nach dem Erscheinen dieser Aufsätze in südafrikanischen (und auch in einigen französischen und belgischen) Zeitungen publizierte Maurice Maeterlinck sein Buch, »Das Leben der Termiten«, in dem er ebenfalls genau wie Marais, die organische Einheit des Termitenhügels beschrieb und ihn mit dem menschlichen Körper verglich. Das Buch des weltberühmten Autors erregte überall größtes Aufsehen, und man glaubte allgemein, Maeterlinck habe als erster die darin vertretene Auffassung erarbeitet. Kaum irgendjemand in Europa wußte, daß ein unbekannter südafrikanischer Schriftsteller und Naturliebhaber diese Theorie wenige Jahre vorher aufgrund langer Beobachtungen bereits entwickelt hatte.

Eugène Marais war zutiefst verbittert. Er erlitt einen neuen, diesmal endgültigen gesundheitlichen Zusammenbruch. Von nun an ließ ihn die Krankheit nicht mehr los. Er plante zwar noch, ein ausführlicheres Werk über die Termiten zu schreiben, aber dazu kam er nicht mehr. Seine Kraft reichte kaum mehr aus, sich um die

Fertigstellung der vorliegenden Fassung seines Buches »Die Seele der weißen Ameise« zu kümmern, die aus den bereits publizierten Artikeln zusammengestellt wurde. Sicher hätte er sonst noch manche Korrekturen vorgenommen.

Am 29. März 1936 setzte Eugène seinem Leben ein Ende. Seine Bücher wurden in Europa und Amerika zu einem großen Erfolg.

»Die Seele der weißen Ameise« ist ein Dokument aus einer Zeit, in der die moderne Verhaltensforschung noch am Anfang stand. Eugène Marais hat mit seinen Theorien einen eigenen, ganz persönlichen Weg eingeschlagen. Obwohl dies nicht immer der Weg ist, den die gegenwärtige wissenschaftliche Forschung weiterführt – oder vielleicht gerade deshalb –, ist Marais' Buch, sind seine Ideen auch heute noch interessant.

Der Anfang eines Termitenstaates

Vor einigen Jahren erschien in einer südafrikanischen Zeitung ein Aufsatz über die »weißen Ameisen«, wie die Termiten gewöhnlich, aber unrichtigerweise, genannt werden. Fast jede Einzelheit, die die Naturwissenschaftler über diese Insekten herausgefunden haben, ist wichtig und interessant, und Dr. Hesses Artikel war es in besonderem Maße. Aber es wurde daran auch deutlich, wie sehr wenig eigentlich in unserem Lande getan wird, um das Verhalten dieser Tiere zu studieren, und wieviel auf diesem Gebiet in anderen Ländern schon geleistet worden ist und weiterhin geleistet wird. Alles, was Dr. Hesse in seinem Aufsatz darlegte, war das Ergebnis langer und geduldiger Beobachtung in Amerika und Europa. Aber keine der aufgeführten Tatsachen hatte unmittelbaren Bezug auf unsere afrikanischen Termiten. Die Lebensgeschichte der meisten südafrikanischen Ameisen und Termiten ist jedoch in jeder Hinsicht genauso wunderbar und interessant wie die Dinge, die man in Südamerika entdeckt hat. Ich habe über einen Zeitraum von zehn Jahren die Gewohnheiten der Termiten in tierpsychologischen Untersuchungen studiert. Dabei zeigte es sich, daß solche Beobachtungen jeden Tag neue Wunder enthüllen. Der Ablauf dieser Lebensgemeinschaft oder die Ausstrahlungen der Gruppenseele eines Termitenstaates zum Beispiel erscheinen einem Menschen mit seiner ganz anderen Art von Psyche genauso wunderbar wie Telepathie oder andere an das Übernatürliche grenzende Funktionen der menschlichen Seele.

Wenn man über all diese Wunder schreiben will, wird man durch die Überfülle geradezu verwirrt. Man weiß kaum, wo man beginnen soll.

Ich möchte nun versuchen, etwas über die ganz alltäglichen Gewohnheiten unserer Termiten oder »weißen Ameisen« zu erzählen. Diese Dinge kann jeder selbst beobachten, der Lust dazu hat. Und er wird außerdem noch andere, neue Entdeckungen machen. Die meisten der Tatsachen, die ich berichten werde, wurden bisher noch nicht veröffentlicht; ich glaube sogar, daß sie von den Wissenschaftlern noch gar nicht entdeckt worden sind.

Die gewöhnliche Termite, die auf alle Holzarten eine so zerstörende Wirkung ausübt und ihre Hügel im offenen »Veld« baut, ist in ganz Südafrika bekannt. Ich will zunächst etwas über den Beginn ihres Gemeinschaftslebens erzählen.

Ein Termitenstaat beginnt seine Existenz in dem Augenblick, in dem die Termiten ausfliegen. Um ihren unzähligen Feinden entgehen zu können, geschieht dies stets nur nach Regen und gewöhnlich in der Dämmerung. Schon das ist ein bemerkenswertes Beispiel für die Wunder des Instinkts. Die Termiten, die niemals außerhalb ihres Baues gewesen sind, wissen, wenn sie ihren aufregenden Flug beginnen, nichts von Feinden. Sie kennen keine Lebensgefahr; und doch: in neun von zehn Fällen fliegen sie nicht eher, als bis die Vögel in ihren Nestern sind.

Diese fliegenden Termiten sind mindestens zehnmal größer als die anderen, im Bau verbleibenden, und von ihnen in Farbe und Form ganz verschieden. Man muß einen Termitenstaat ansehen wie ein Tier, dessen Organe noch nicht zusammengefügt sind wie beim Menschen. Einige der Termiten stellen den Mund und das Verdauungssystem dar; andere nehmen die Stelle von Verteidigungswaffen ein – gleich Klauen oder Hörnern –; andere bilden die Fortpflanzungsorgane. Die fliegenden Ameisen sind die Fortpflanzungsorgane der Kolonie. Jedes dieser beflügelten Insekten ist seinen Anlagen nach ein König oder eine Königin. Seine vier schönen Flügel haben Monate gebraucht, um sich zu entwickeln und zur Vollendung heranzuwachsen; und auch Monate vergehen – oder in sehr trockenen Gegenden sogar Jahre –, ehe sich eine Gelegenheit zum Flug bietet. Niemals werden sie eher fliegen, als bis es geregnet hat; der Grund dafür liegt auf der Hand: unmittelbar nach dem Flug müssen sie im Boden Schutz suchen, und das ist unmöglich, wenn die Erde hart und trocken ist.

Verfolgt man nun aufmerksam den Flug der Termiten von dem Augenblick an, wie sie aus dem Bau hervorkommen, so sieht man als erstes, wie sie zu Tausenden aus einer kleinen Öffnung ans Licht kriechen. Offensichtlich herrscht große Aufregung im Termitenstaat. Manchmal werden die Flieger bis an die Öffnung von Arbeitern und Soldaten begleitet. Als erstes erprobt das geflügelte Insekt jetzt seine Schwingen. Es beginnt mit ihnen zu flattern und versucht sich in die Luft zu erheben. Mißlingt dies, so klettert es an einem Grashalm empor und läßt sich von dieser Höhe im Gleitflug nieder; denn fliegen muß es unter allen Umständen, und wäre es auch nur ein paar Zoll weit. Ich werde gleich erklären, warum das so wichtig ist – ebenso wichtig wie die Erhaltung des Lebens. Darum gibt sich das Insekt auch genausoviel Mühe zu fliegen, wie seinen Feinden zu entgehen; sogar mehr, denn der Trieb zu fliegen ist stärker als der Selbsterhaltungstrieb.

Offensichtlich hat der Flug den Zweck, die Insekten über einen möglichst weiten Raum zu verbreiten, so wie manche Pflanzen ihren Samen in alle Winde streuen. Einige der Termiten steigen hoch in die Luft und durchfliegen Meilen, ehe sie sich niederlassen; andere sinken nur ein oder zwei Schritt von ihrem alten Bau entfernt zu Boden. Aber weit oder nahe: fliegen müssen sie, wenn sie nicht den Zweck ihres Daseins verfehlen wollen.

Wir wollen einmal eine der Ameisen, die ausgeflogen ist und sich nahe bei ihrem alten Bau im Gras niedergelassen hat, beobachten. Wir wollen annehmen – die beiden Geschlechter kann man mit bloßem Auge nicht unterscheiden –, daß es ein Weibchen ist. Als erstes wirft es seine Flügel ab. Dies gelingt ihm durch eine blitzartige Bewegung – so schnell, daß wir mit dem Auge nicht zu folgen vermögen. Eben sehen wir es noch mit heilen Flügeln, im nächsten Augenblick kriecht es davon, und seine vier Flügel liegen im Gras. Monate hat es gedauert, bis diese Flügel gewachsen sind. Jahre vielleicht hat das Termitenweibchen in unterirdischer Finsternis gelebt und sich für diesen Augenblick vorbereitet. Für den Zeitraum von drei Sekunden, für eine Entfernung von vielleicht drei Metern, genießt es nun das bebende Entzücken des Fluges; damit ist der Zweck dieser langen Vorbereitung erfüllt, und die

Elfenschwingen fliegen beiseite wie ein abgetragenes Kleid.

Sogleich nach dem Abwerfen der Flügel läuft das Termitenweibchen für ein paar Sekunden eilig umher. Augenscheinlich ist es bestrebt, einen passenden Platz für irgendein neues Vorhaben zu suchen. Wofür wohl? fragt man sich, denn ohne weiteres ist ihr Verhalten nicht zu erklären. Man braucht ein wenig Geduld, um herauszufinden, was das Weibchen vorhat. Sobald es eine geeignete Stelle gefunden hat, benimmt es sich äußerst merkwürdig: es stützt sich auf seine Vorderfüße und hebt drei Viertel seines Hinterleibes in die Luft. In dieser Stellung verhält es sich ganz ruhig, so unbeweglich, als sei es gar nicht lebendig.

Was tut sie nun eigentlich? Sie ist eifrig damit beschäftigt, einen drahtlosen SOS-Ruf in die Luft zu schicken. Worin besteht dieses Signal? Ich glaube es zu wissen, aber für einen ungeübten Beobachter ist es nicht leicht herauszufinden. Nur wenn man die Signale der Insekten im allgemeinen sorgfältig studiert hat, kann man den Schlüssel zu diesem Rätsel finden.

Natürlich denkt man zuerst an einen Ton, der vom

---

a) Geschlechtstier mit und ohne Flügel · b) Termiten verschiedener Kasten und Wachstumsstadien · c) Arbeiter · d) Soldat (vergrößert).

DER ANFANG EINES TERMITENSTAATES

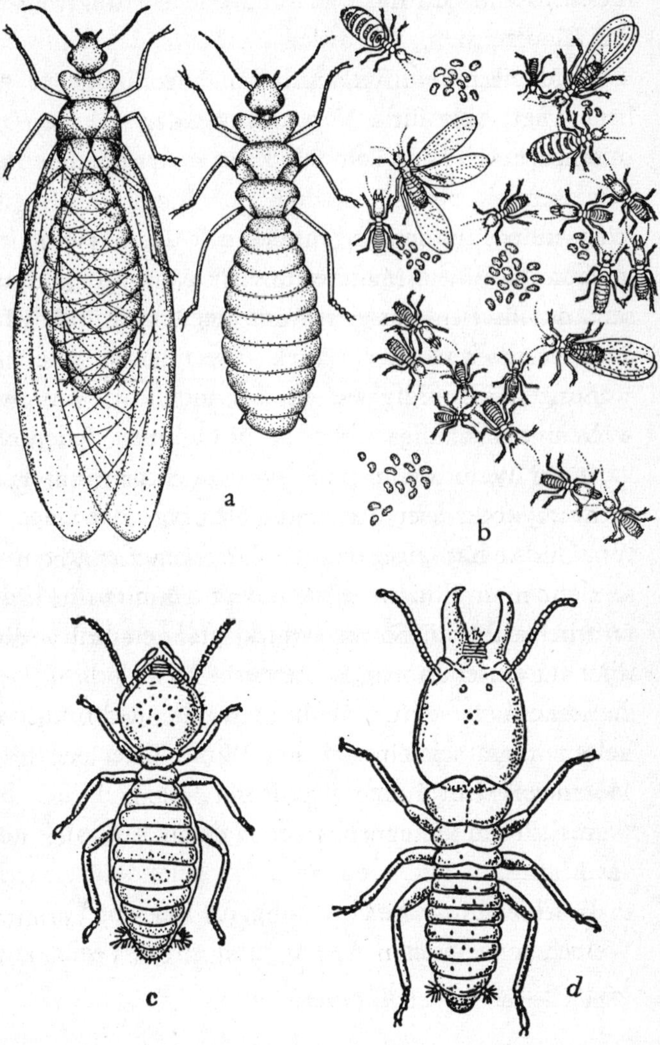

menschlichen Ohr nicht gehört werden kann. Etwa an die Klopfzeichen, die unser kleiner südafrikanischer Toktokkie-Käfer[1] unter ähnlichen Umständen zu geben pflegt. Aber diese Vorstellung ist falsch; das Termitensignal ist kein Ton. Das kann man experimentell beweisen.

Wir wollen uns im Augenblick mit der Tatsache begnügen, daß die Art dieses Signals ganz und gar jenseits des Bereichs unserer Sinne liegt; und doch wird das Männchen seiner gewahr – über unglaubhafte Entfernungen hinweg! Wie ist das möglich? Nun, wir wollen es vorläufig einmal so hinnehmen. Jedenfalls ist unser Weibchen als eine sehr moderne junge Frau nicht zu schüchtern, den ersten Schritt in der Liebe zu tun. Und es hat Erfolg damit. Wartet man lange genug, so sieht man plötzlich eine andere Termite durch die Luft herbeifliegen. So ungeschickt und geradezu ziellos ihr Flug aussehen mag, so bemerkt man doch, daß sie zu steuern versteht und die gewählte Richtung einhalten kann, sogar gegen den Wind. Zwei oder drei Meter von dem Platz entfernt, wo das Weibchen bewegungslos in seiner seltsamen Haltung verharrt, sinkt das Männchen zu Boden. Sobald es gelandet ist, macht es dieselbe blitzartige Bewegung, die wir schon an dem Weibchen beobachtet haben, und schon liegen auch

[1] Ein Käfer aus der Art der Psammodes.

seine Flügel auf der Erde. In aufgeregter und unwiderstehlicher Hast kriecht es jetzt durch das Gras, so schnell, daß man ihm kaum mit den Augen zu folgen vermag. Es sucht den Urheber des Signals, das es hoch oben in der Luft empfing. Innerhalb weniger Minuten hat es ihn gefunden.

Das Weibchen ist während der ganzen Zeit mit erhobenem Leib bewegungslos stehengeblieben; aber in dem Augenblick, wo das Männchen es mit seiner Antenne berührt, wird es von seiner Aufregung angesteckt. Es läuft davon, so schnell seine Beine es tragen können; das Männchen folgt ihm. Sie beginnen jetzt die Suche nach dem neuen Heim, und dabei überläßt das Männchen seiner Frau die Führung. Es muß eine dauerhafte Behausung werden, weil sie lange Zeit darin leben müssen.

Hier, bei der Suche nach dem Haus und dem Ausgraben der Vordertür, wollen wir jetzt das glückliche Paar für eine Weile allein lassen.

Noch seltsamere Dinge sind mit diesem kleinen Schauspiel verbunden, von denen der unerfahrene Beobachter nichts bemerkt. Ich sprach von dem Trieb zum Fliegen. Es ist die Voraussetzung für alles weitere. Denn wenn diese beiden Termiten nicht zum Fliegen gekommen wären, hätte keiner der von uns beobachteten Vorgänge stattgefunden!

Der Instinkt arbeitet nur schrittweise. Wird ein Schritt verhindert oder übersprungen, so stürzt das ganze System in sich zusammen. Die Natur will, daß die weiße Ameise sich ausbreitet. Für ihr Gemeinwesen ist es schädlich, wenn die einzelnen Bauten zu nahe beieinanderliegen. Darum die Flügel! Die Ameisen sollen fliegen. Der Flug ist also nur eine Stufe ihres geschlechtlichen Lebens; wird sie aber übersprungen, so erlischt nicht nur dieses, sondern das Dasein der Ameise überhaupt, und zwar auf der Stelle und im selben Augenblick.

Es kann vorkommen, daß beide Geschlechter, nachdem ihnen die Flügel gewachsen sind, zwei Jahre lang im selben Bau zusammenleben. Sie sind in ständiger Berührung miteinander, aber nicht das geringste Zeichen von geschlechtlicher Erregung ist zu bemerken. Sie müssen erst aus dem Bau kriechen, sie müssen fliegen, sich niederlassen und ihre Flügel verlieren; dann und nur dann, dann aber auch sofort, beginnt das Geschlechtsleben. Wenn man sie am Flug hindert und ihnen die Flügel abbricht, sterben beide, Männchen und Weibchen, ohne den geringsten Versuch, ihre Rasse fortzupflanzen. Die Länge und Entfernung des Fluges ist belanglos; er mag Stunden oder nur eine Sekunde dauern; er mag sich über Meilen erstrecken oder die Ameise nur einen halben Meter von ihrem

Bau entfernen. Aber die Kraft, die wir Instinkt nennen, befiehlt: Du *mußt* durch jedes Stadium hindurchgehen, mußt jeden Schritt machen, oder du bist verloren.

Nimmt man ein Männchen und ein Weibchen, gleich nachdem sie aus dem Bau gekrochen sind, und setzt sie nebeneinander, so wird man bemerken, daß sie bei noch so naher Berührung kein Interesse füreinander zeigen. Sie bemühen sich sogar, voneinander fortzukommen. Läßt man aber das Weibchen ein paar Zoll weit fliegen, vollzieht sich der ganze Vorgang, den wir beschrieben haben, bis zum Ende. Läßt man das Männchen auch nur einmal in der Luft kreisen, zwingt man es dann, neben dem Weibchen zu landen: dann, und nur dann, werden die Ereignisse ihren normalen Lauf nehmen. Eine Sekunde an Zeit, ein halber Meter Entfernung, ein Flügelschlag ist für die Termite eine Kluft, weit wie die Unendlichkeit, die zwei Existenzweisen voneinander scheidet. Uns mag sie nur wie eine schmale Linie erscheinen; das Insekt aber kann sie nicht überschreiten – nicht einmal mit der Hilfe des Menschen.

Ungelöste Rätsel

Es gäbe nun viel über einen Termitenbau zu erzählen, aber als Psychologe möchte ich mich darauf beschränken, das Verhalten der Tiere zu beschreiben, wobei allerdings dann jede Einzelheit – besonders wenn man vergleichende Psychologie betreiben will – bedeutsam ist. Psychologie ist ja nichts anderes als die Wissenschaft vom »Verhalten«. Jedenfalls ist das Verhalten der Lebewesen das einzige, wovon wir im Hinblick auf das Seelenleben konkrete Dinge wissen und worüber wir Studien machen können. Der Bereich, innerhalb dessen man Vergleiche anstellen kann, ist übrigens gar nicht sehr groß, und er wird noch enger, wenn man – wie es gewöhnlich geschieht – gleich mit der obersten Sprosse der Leiter, mit den Affen, beginnt.

Im Termitenstand müssen am Anfang der König und die Königin selbst für die Ernährung und Pflege der Erstgeborenen sorgen; aber sobald die ältesten Kinder voll erwachsen sind, übernehmen diese alle Arbeit für das Gemeinwesen. Inzwischen wird die Königin beinahe stündlich größer und dicker. Ihr kleiner zierlicher Körper verschwindet in den zusehends anschwellenden Fettpolstern, bis er schließlich zu einem unansehnlichen, wurmähnlichen Fettsack geworden ist. Und – um das Unglück voll zu machen: der Herr Gemahl, der das sonst kaum von der Natur gewährte Glück eines dolce-far-niente-Daseins genießt, scheint auch noch das Geheimnis ewiger Jugend entdeckt zu haben. Er bleibt genauso schön, so behende und jung, wie er es auf seinem Hochzeitsflug war. Beim Anblick der Gattin aber fällt es schwer zu glauben, daß sie jemals auf Elfenflügeln durch die Luft schwebte. Wir hätten kaum Grund, Seiner Majestät einen Vorwurf daraus zu machen, wenn er sein Auge auf ein weniger abstoßendes weibliches Wesen werfen würde. Wer aber derartiges befürchten sollte, wird angenehm überrascht werden: die Treue zu seiner Königin scheint im Verhältnis zu ihrem körperlichen Wachstum eher zuzunehmen!

Legt man das unterirdische Gemach der Königin bloß, so wird ihn zwar die Störung verwirren; man sieht ihn ziellos umherrennen, aber immer wieder kehrt er an ihre Seite zurück. Sein eigenes Leben durch die Flucht zu retten, kommt ihm nicht in den Sinn. Er klammert sich an ihren riesigen Körper und versucht ihn zu verteidigen; ja, er läßt sich an ihrer Seite töten, wenn der Angreifer es darauf abgesehen haben sollte.

Welch ein wunderbares Beispiel ehelicher Liebe und Treue, die die Verwandlung der Geliebten in einen widerwärtigen Fettkloß zu überdauern vermag!
Wir nennen oft in übertragener Bedeutung eine Königin die Mutter ihres Volkes. Die Termitenkönigin ist es im wörtlichen Sinn. Sie ist die einzige Mutter all der Millionen Ameisen, die ihr Gemeinwesen bilden; jedes einzelne Wesen ist von ihr geboren worden. Aber sie ist natürlich von den Mutterpflichten, die die Kinderstube ihr auferlegen würde, befreit. Man erwartet nichts anderes von ihr, als daß sie den unaufhörlichen Strom von Eiern liefert, weil der tägliche Verlust an Arbeitern und Soldaten trotz der vorzüglichen Verteidigungsmaßnahmen groß ist. Der Natur kommt es nicht darauf an, Tausende von Individuen zugrunde gehen zu lassen, wenn sie nur Vorsorge für unerschöpflichen Ersatz getroffen hat.
Je nach den Umständen erreichen die Termitenhügel sehr verschiedene Größen; für unseren Zweck wollen wir einmal annehmen, daß die Umgebung des Baues eine normale Entwicklung erlaubt, die durch keine äußeren Einflüsse gestört wird.
Die ersten Arbeiter machen sich zunächst daran, einen Palast für die Königin zu bauen. Etwa ein bis anderthalb Meter unter der Erdoberfläche höhlen sie eine Kammer aus, die in jahrelanger Arbeit nach und nach

vergrößert wird. Alle dabei ausgeworfene Erde wird nach oben gebracht und zur Bildung einer dicken Verteidigungskruste verwendet. In den Hohlraum wird die Königin gesetzt. Er ist wie nach Maß gemacht, so daß man glauben möchte, er sei um sie herumgebaut worden. Ich glaube aber nicht, daß die Baumeister einem bestimmten Plan folgen. Leider bin ich in diesem Punkt nur auf Vermutungen angewiesen: kein menschliches Auge hat je gesehen, was hier in Wirklichkeit vor sich geht, niemand einen Weg gefunden, die Termiten beim Bau des Königinnenpalastes zu beobachten, denn sie arbeiten im Stockfinstern. Ließe man Licht in ihren Bau gelangen, so bedeutete das für sie eine ebensolche Katastrophe wie für uns die plötzliche Verdunklung der Sonne. In vollständiger Dunkelheit können *wir* aber nun einmal nichts sehen!

Die Königin wächst unaufhörlich weiter, bis sie im Vergleich zu den gewöhnlichen Termiten eine riesenhafte Größe erreicht hat und zu einer bewegungslosen Masse geworden ist, die wie ein Klotz daliegt. Nur ihr kleiner Kopf gibt noch Lebenszeichen von sich; er allein verändert sich nicht. Wenn man Haut und Körper sorgfältig seziert und unter dem Mikroskop betrachtet, wird einem klar, daß die Königin in ihren späteren Wachstumsstadien unfähig sein muß, irgendeine willkürliche Bewegung zu machen, es sei denn mit dem Kopf.

Auch die Annahme, sie könne sich vielleicht in der Weise der Würmer, durch Zusammenziehung und Ausdehnung, von der Stelle bewegen, läßt sich nicht halten, weil kein Teil ihres Körpers, abgesehen vom Kopf, von dem anfangs vorhandenen, sehr verwickelten Nervensystem mehr beherrscht werden kann. Ich glaube auch nicht, daß sie zeitweilig die Bewegungsgewalt wiedergewinnen könnte, z. B. dadurch, daß sie den Sack einmal entleerte. Jedenfalls habe ich keinerlei Anzeichen dafür bemerkt. Beide Annahmen also: daß die Königin sich durch Zusammenziehung und Ausdehnung bewegen oder daß sie vorübergehend ihre Bewegungsgewalt wiedergewinnen könnte, sind unzutreffend.
Aber wir wollen in der Lebensgeschichte der Königin fortfahren. Die Erde, aus der ihr erster zellenartiger Palast gebaut ist, wird bald so hart wie Zement. Gewöhnlich paßt die Königin genau in die Zelle; auf alle Fälle ist die Königin immer zu groß, als daß sie die Tür zum Ein- und Ausgehen benutzen könnte. Wollte man sie aus ihrer Kammer entfernen, müßte man die Zellenwand zerbrechen. Der König und die Arbeiter dagegen können mit Leichtigkeit ein und aus gehen. Die Königin wird gefüttert, und ihre Eier, die sie ununterbrochen legt, werden von eigens für diese Aufgabe bestimmten Arbeitern zu den Brutstätten gebracht. Der König tut offensichtlich gar nichts. Er

scheint nur ein Schmarotzer im Palast zu sein. Die Königin aber wächst weiter, jedoch erreicht sie hier, in ihrem ersten Gemach, kaum ein Drittel ihrer möglichen Größe.

Endlich kommt der Augenblick, wo sie den in der Zelle vorhandenen Raum fast vollkommen ausfüllt. Die winzigen Arbeiter haben kaum mehr genug Platz, um die Eier über den empfindungslosen Fettkloß hinwegzutragen. Eine Tragödie scheint bevorzustehen, denn jetzt erhebt sich die Frage: Was wird geschehen, wenn die unwiderstehliche Gewalt des Wachstums mit den unnachgiebigen Wänden zusammenprallt? Der menschliche Beobachter ist angesichts dieses drohenden Schicksals ratlos. Mit all seinem Wissen und all seiner Klugheit sieht er doch keine Möglichkeiten, es abzuwenden. Aber die Termiten haben sich offenbar niemals Sorgen darüber gemacht. Für sie gibt es eine Lösung, eine sehr einfache sogar. Zur rechten Zeit, ehe Ihre Majestät die Zelle endgültig ausfüllt, haben sie eine zweite gebaut, die um die Hälfte größer ist als die erste. Sie liegt parallel mit ihr, Wand an Wand, ist genauso fest und mit einer ebenso schmalen Tür versehen. Und nun gelingt es den Termiten, die Königin aus ihrer Zelle zu entfernen und sie in die zweite zu bringen, wo genügend Platz für ihr Wachstum während ungefähr eines weiteren Jahres vorhanden ist.

Dieser Zellenwechsel geht noch mehrmals vor sich, bis die Königin nach etwa sechs Umzügen in der letzten und größten Zelle angekommen ist. Dabei sind die Zimmertüren immer gleich schmal und viel zu eng, um die Königin hindurchzulassen!
Wir müssen uns aber noch etwas anderes klarmachen, das die ganze Sache nur noch rätselhafter erscheinen läßt. Durch Messungen kann man leicht feststellen, daß die Untertanen gar nicht imstande sind, die Königin von der Stelle zu bewegen. Die Hebekraft einer Termite läßt sich ziemlich genau abschätzen, und auch der Flächenanteil vom Körper der Königin, der im Greifbereich eines Arbeiters liegen würde, kann gemessen werden. In den späteren Stadien wären nun um Tausende mehr Ameisen zum Heben nötig, als Platz zum Greifen am Körper vorhanden ist.
Man halte sich also folgende Tatsachen vor Augen:

1. Die Königin kann sich nicht selbst bewegen.
2. Die Türen der Zelle sind zu schmal, um sie hindurchzulassen.
3. Die anderen Termiten sind nicht imstande, sie zu heben.
4. Und doch verschwindet sie aus der einen Zelle und kommt in der anderen wieder zum Vorschein.

Es bleibt scheinbar nur die eine Erklärung übrig, daß es mehrere Königinnen gibt und es also nicht immer dieselbe ist, die wir einmal in der einen, das andere Mal in der anderen Zelle sehen. Wenn die erste zu groß für ihr Zimmer geworden ist, wird sie getötet und aufgefressen, während die Arbeiter eine Termite, die die Anlage zur Königin besitzt, in die zweite Zelle tragen, wo sie sich ihrer Bestimmung gemäß entwickelt. Es ist vielleicht die einzig verständliche Erklärung, und hat man sie einmal gefunden, so erscheint sie sehr plausibel. Nur stimmt sie nicht! Wir haben uns durch den Gedanken an die Bienen dazu verleiten lassen, von denen wir wissen, daß sie Königinnen entstehen lassen, töten und hin und her tragen. Die Termitenkönigin aber kann man leicht mit einem Zeichen versehen und dadurch beweisen, daß es immer dieselbe ist, die von der einen in die andere Zelle gelangt.

Ich habe viele Theorien geprüft, die von befreundeten Entomologen zur Debatte gestellt wurden, aber ich habe keine gefunden, die mit allen beobachteten Tatsachen übereingestimmt hätte. Vielleicht wird ein zukünftiger Fabre[1] einmal entdecken, wie es sich in Wirklichkeit damit verhält.

[1] Jean-Henri Fabre, französischer Entomologe, geb. 1823, gest. 1915. Sein Hauptwerk: „Souvenirs entomologiques", 1879 ff., 10 Bde. Deutsche Auswahl „Bilder aus der Insektenwelt", 1908 ff.

Sprache in der Insektenwelt

Ich habe erzählt, wie die geflügelte Königin, gleich nachdem sie ihre Schwingen abgeworfen hat, ein Signal in die Luft sendet, das regelmäßig durch das Erscheinen eines Männchens beantwortet wird. Worin das Signal besteht, habe ich noch nicht erklärt; ich behielt mir das für eine spätere Gelegenheit vor. Jetzt möchte ich diese Erklärung versuchen. Dazu muß ich jedoch etwas weiter ausholen und einige grundlegende Dinge erläutern.

Wenn man die Sprache der Tiere verstehen will, muß man zuerst ihr ABC erlernen; noch wichtiger ist aber, daß man sehr vieles verlernen muß. Wir wollen darum ganz von vorn anfangen.

Ein einzelnes Mitglied der Tierwelt, das mit einem anderen über eine gewisse Entfernung hinweg in Verbindung treten will, hat dafür dreierlei Mittel zur Verfügung: Farbe, Geruch und Ton. Und hier liegt schon

der Punkt, an dem man anfangen muß, umzulernen. Nimmt man nämlich Farbe, Geruch und Ton in dem Sinne, wie sie von einem menschlichen Wesen wahrgenommen werden, so wird man schon am Anfang seiner Untersuchungen die richtige Spur verlieren.
Nun ist es so: Es gibt eine Art von Termiten, die durch wirkliche Töne Signale geben. Diesen Ton kennt jeder, der einmal in einem Hause geschlafen hat, in dem solche Termiten an der Arbeit waren; es ist ein schnelles Tik-Tik-Tik. Denselben Ton vernimmt man, wenn ein Mikrophon durch ein Loch in einen Termitenbau hineingehalten wird. Man kann dann feststellen, daß die sich im Bau aufhaltenden Tiere dieses Geräusch verursachen, zugleich aber bemerkt man auch, daß andere Termiten es in einer gewissen Entfernung hören und durch ihr Verhalten sofort darauf antworten.
Um dem Geheimnis auf die Spur zu kommen, fängt man am besten einmal einen oder mehrere dieser kleinen Signalgeber und untersucht ihren anatomischen Bau unter dem Mikroskop. Erstaunlicherweise findet man nicht das geringste Zeichen oder die Andeutung eines Gehörorgans; nicht einmal die allerprimitivste Art eines Ohres; nicht einen einzigen Nerv, der möglicherweise so etwas wie einen Ton vermitteln könnte! Und ebenso verhält es sich in bezug auf Farbe und Geruch. Die Termiten benutzen zweifellos Farbe und

Geruch als Signalmittel – wie wir später sehen werden. Aber man sucht vergeblich nach einem Organ, das einem Auge ähnlich wäre. Nicht der winzigste Pigmentpunkt ist zu entdecken, der als ein primitives Auge angesehen werden könnte. Die Termiten sind vollständig blind; sie haben nur eine gewisse Empfindung für indirekte Lichtstrahlen, die weit unter der Wahrnehmungsschwelle eines menschlichen Auges liegen, d. h. sie bemerken ein sehr zerstreutes, nicht direkt auf sie fallendes Licht, eine Art Schein, den ein menschliches Auge gar nicht wahrzunehmen vermag. Das kann man experimentell beweisen.

Auch ein Geruchsorgan scheint vollkommen zu fehlen. Wir wollen uns nun einmal eine andere Art von Insekt ansehen, nämlich den kleinen Toktokkie-Käfer; er soll uns bei unseren Untersuchungen ein gutes Stück weiterbringen und wird viel dazu beitragen, das Geheimnis der Insektensprache aufzuklären. Will man ihn wirklich genau kennen und seine Sprache sprechen lernen, so muß man ihn zunächst einmal zähmen. Er muß sich so an die Gegenwart eines Menschen gewöhnen, daß er sein Verhalten nicht ändert, auch wenn er bemerkt, daß er beobachtet wird.

Er ist übrigens sehr leicht zu zähmen und dahin zu bringen, daß er seinen Meister erkennt und liebt. Jedenfalls bei dem Toktokkie mit dem grauen Bauch ist das der Fall, bei dem glatten kleinen Burschen mit den hellen Beinen. Er ist leichter zu zähmen als die andere Art mit dem rauhen Rücken. Jedes Kind in Südafrika kennt den Toktokkie und sein Klopfen. Ganz plötzlich, mitten auf dem Weg oder auch am Wegrande bemerkt man ihn. Wenn er keinen Schrecken bekommt und mit steifen Beinen »tot« hinfällt – so tot, wie nur der toteste Toktokkie sein kann, der je gelebt hat –, dann wird man ihn klopfen sehen. Und hören kann man ihn natürlich auch. Er sucht nach irgendeinem harten Gegenstand, einem Stück Erde oder einem Stein, und klopft mit dem letzten Glied seines Körpers dagegen – 1, 2, 3 – 1, 2, 3, 4 – 1, 2, 3, 4 – 1, 2, 3! Das ist sein Morse-Alphabet. Dann horcht er für ein oder zwei Augenblicke, indem er sich schnell hierhin und dorthin wendet. Ganz lächerlich menschlich benimmt er sich. Sein ganzer Körper wird ein lebendiges Fragezeichen. Es ist, als ob man ihn sagen hörte: Ich möchte wetten, daß ich »sie« eben klopfen hörte! Wo mag sie nur stecken? Da! Jetzt höre ich sie wieder!

Er antwortet ihr mit drei harten Schlägen; darauf läuft er in höchster Eile davon, einen Meter weit oder zwei. Dann wiederholt er sein Signal, um die Richtung genau zu erkunden, und fährt so fort, bis er endlich bei seiner Geliebten angekommen ist.

Wenn man zur Paarungszeit das Verhalten vieler Toktokkies beobachtet, muß man dem einen oder anderen manchmal eine geradezu unglaublich weite Strecke in der Richtung, aus der das Signal kam, folgen. Er hört das Klopfen über eine Entfernung hinweg, die den Ton für ein menschliches Ohr gänzlich unwahrnehmbar macht.

An diesem Punkt nun fängt der Toktokkie an, für den Psychologen interessant zu werden. Untersuchen wir ihn nämlich genauer, so finden wir unter dem Mikroskop auch bei ihm keine Andeutung eines Ohres, keinen Nerv, der die Stelle eines Gehörorgans einnehmen könnte. Und trotzdem macht sein Verhalten auf uns den Eindruck, als ob er Töne wahrnehmen könne!

Nun wollen wir mit unseren zahmen Toktokkies einmal ein Experiment machen. Wir wählen dazu ein Stück freies Feld oder einen ziemlich großen Garten. Man merkt dort bald, daß der Toktokkie eins der leichtgläubigsten Insekten ist, die es gibt. Wenn er von Liebesverlangen beherrscht ist, glaubt er alles, was man ihm weismacht. Klopft man mit dem Fingernagel an einen Stein – in seinem Morse-Alphabet –, so wird er sofort antworten. Man kann ihn ganz leicht dahin bringen, daß er immer nur als Antwort auf ein solches imitiertes Signal klopft. Das erreicht man dadurch, daß man einige Tage gar nicht klopft, so lange, bis er sich ganz beruhigt hat. Nach ein oder zwei Tagen wird er es dann gelernt haben, nur auf das menschliche Signal hin zu klopfen – und er wird seine Antwort geben, ohne zu zögern.

Für die weiteren Versuche braucht man ein Mikrophon mit Kopfhörern und einen Meter Draht. Für den Verkehr mit der Insektenwelt ist solch ein Apparat unentbehrlich. Das Mikrophon muß so empfindlich sein, daß man damit mühelos den Schritt einer Fliege wahrnehmen kann.

Sobald der Toktokkie zahm und gut dressiert ist, geht man daran, die Schärfe seiner Wahrnehmungen zu prüfen. Es ist geradezu unglaublich, wie fein sie ist! Man klopft dazu mit dem Fingernagel auf einen Stein und läßt den Ton allmählich immer schwächer werden, bis man ihn selbst nicht mehr – auch im Apparat nicht – hören kann. Trotzdem beantwortet der Toktokkie das Signal sofort ohne das geringste Zeichen von Unsicherheit. Als nächsten Schritt klopft man nicht mehr mit dem Nagel, sondern mit der weichen Fingerkuppe. Das scheint überhaupt keinen Ton zu verursachen, und doch: der Toktokkie antwortet. Nun nimmt man das Mikrophon, stellt es, mit den Hörern am Ohr, auf den Boden und klopft mit der Fingerkuppe auf den Empfänger. Man muß aber wirklich klopfen, nicht nur drücken. Mit ein wenig Übung ist zu erreichen, daß der Ton immer schwächer wird, bis er auch im Mikrophon, auf das man doch klopft, nicht mehr zu hören ist. Der Toktokkie hört ihn trotzdem!

Des Rätsels Lösung ist folgende: Was der Toktokkie wahrnimmt, ist gar nicht das, was wir »Ton« nennen, und von einem Vorgang des »Hörens« kann bei ihm nicht die Rede sein. In jedem Physiologie-Lehrbuch wird erklärt, daß »Ton« nur unsere Interpretation bestimmter Luftschwingungen ist[1]. Die Schwingungen versetzen durch ihre mechanische Kraft Trommelfell, Hammer und Amboß des inneren Ohres in Erschütterung, ebenso wie auch Sandkörner oder eine dünne Gasflamme durch einen musikalischen Ton zum Vibrieren gebracht werden. Unser Ohr nimmt diese Luftschwingungen als Töne wahr; wo es aber keine Ohren gibt – wie beim Toktokkie – kann auch kein Ton entstehen.

Damit ist das Rätsel jedoch noch nicht gelöst. Was ist es denn, das der Toktokkie vernommen hat, wenn wir ihm in seinem Morse-Alphabet Signale geben? Wir müssen annehmen, daß der plötzliche Aufeinander-

[1] Der Ton kann sich im luftleeren Raum nicht fortpflanzen. Man kann das beweisen, indem man einen Ton durch einen Draht schickt, der in den Kork einer Thermosflasche eingefügt ist. Außer einem schwachen Geräusch, das durch den Kork entweicht, wird nichts zu hören sein. Nach den Seiten kann sich der Ton nicht fortpflanzen, da die Wandungen der Flasche durch einen luftleeren Raum voneinander getrennt sind.

prall zweier physikalischer Körper – in unserem Fall der Finger auf den Stein – außer den Luftschwingungen noch eine andere Art von Vibrationen verursacht, nämlich Erschütterungen des geheimnisvollen Etwas, das wir Äther nennen. Auf unser Ohr üben sie keine Wirkung aus, aber ich halte es für sehr wahrscheinlich, daß es Erschütterungen dieser Art – Ätherschwingungen also – sind, deren sich der Toktokkie und die Ameisen bedienen.

Es mag weithergeholt aussehen, aber man kommt um eine solche Erklärung kaum herum, wenn man die Signalsprache der Insekten begreifen will. Wer beispielsweise eine »langatmige Heuschrecke« hört (offenbar wird sie so genannt, weil sie gar keine Heuschrecke ist und der ihr eigentümliche Ton nicht durch ihren Atem hervorgebracht wird), der sollte nicht an so etwas wie Ton und Hören denken – es sind ja nur die Luftschwingungen, die unser menschliches Ohr als Töne vernimmt –, sondern an Vibrationen bzw. Ätherschwingungen, die eine Heuschrecke über eine Entfernung von mindestens zwölf Kilometern spüren kann.

Halten wir diese Vorstellung von Vibrationen – Ätherschwingungen – fest, wenn wir nun zu unseren Termiten zurückkehren; sie muß man berücksichtigen, um nicht angesichts der Verbindung, die zwischen den

Außenabteilungen des Baues besteht, an ein Wunder zu glauben.

Über das Thema »Ton« in der Insektenwelt mag dies genügen. Es gibt aber noch zwei andere Wege der Mitteilung, von denen ich gleichfalls sprechen muß: Geruch und Farbe.

Die Termiten machen von Gerüchen ständig Gebrauch, von denen wir einige auch mit unserem Riechorgan wahrnehmen können. In Nord-Transvaal gibt es eine Termitenart, die als sogenannte »stinkende Ameise« überall bekannt ist. Sie sendet einen fauligen Geruch aus, der über drei bis vier Meter spürbar ist und die Eigentümlichkeit hat, bei den meisten Menschen und auch bei Hunden starke Übelkeit zu erregen. Außerdem kennt jedermann in Südafrika den charakteristischen Geruch der gewöhnlichen Termite; er wird durch das Ausströmen eines gewissen Gases verursacht, das die Termite zu besonderen Zwecken braucht.

Es ist nun von außerordentlicher Wichtigkeit für unser Verständnis der Insektensprache, daß wir uns vergewissern, worin das Signal der Termitenkönigin, von dem wir eingangs sprachen, eigentlich besteht. Nach langem Studium bin ich zu dem Schluß gekommen, daß es etwas ist, das unsere Sinnesorgane als Geruch auffassen würden, wenn es stark genug wäre, um auf sie einwirken zu können. Wenn wir es mit Erscheinungen zu tun haben, die so weit außerhalb des Bereiches unserer Sinne liegen, sehen die Dinge anfangs immer ziemlich hoffnungslos aus, aber mit der nötigen Beharrlichkeit kommt man auch hier dem Ziel näher.

Ein weiterer Umstand spricht dafür, daß das Signal der Königin als Geruch aufgefaßt werden muß. Man kann einen Pointer leicht darauf dressieren, daß er die Spur einer ausgeflogenen Ameise, nachdem sie die Flügel verloren hat, aufnimmt. Er wird eine signalisierende Königin bis zu hundert Meter weit gegen den Wind aufspüren; bei den männlichen Tieren dagegen hat er schon über einen Meter hinweg bereits Schwierigkeiten.

Ich kann noch einen schlagenderen Beweis für meine These erbringen, dessen Darlegung allerdings etwas mehr Zeit in Anspruch nehmen wird.

Wir können bei den Termiten folgende Signale feststellen:

1. Das gewöhnliche Signal der Königin, welches sie als lebendige Mitte des Baues unablässig aussendet. Es dient dazu, das Gemeinwesen zusammenzuhalten, und befähigt jede einzelne Termite, andere Mitglieder dieser Gemeinschaft zu erkennen. Mit unseren Sinnen ist es nicht wahrnehmbar.
2. Der Ruf der Arbeiter und Soldaten; wir können ihn als Ton vernehmen.

3. Nahrungsbotschaften; für uns nicht wahrnehmbar. (Diese drei wollen wir später genauer untersuchen.)
4. Endlich das Geschlechtssignal der Königin, das ebenfalls außerhalb des Bereiches unserer Sinne liegt.

Wir wissen, daß der Gebrauch von Geruch und Farbe als Geschlechtssignal in der Natur weit verbreitet ist. Wenn leuchtende Farben fehlen, kann man sicher sein, daß ein Geruch im Spiele ist.

Lassen Sie mich nun etwas weiter ausholen. Ich habe gesagt, daß der Flug der Termiten gleichsam der Schlüssel zum Tor ihres Geschlechtslebens ist, das überhaupt nicht zur Entfaltung kommen kann, wenn sie am Fliegen gehindert werden. Bei den Säugetieren übernimmt diese Aufgabe meist der Geruch, der bisweilen mit Farbe verbunden ist. Die Farbsignale beginnen in der Pflanzenwelt. Farbe und Duft der Blumen sind selbstverständlich ein rein sexuelles Phänomen. Affen und Menschen haben vor langen Zeiten die Abhängigkeit von beidem verloren. Aber bei den anderen Säugetieren bleibt der Geruch noch immer das Mittel, um das geschlechtliche Leben zur Entfaltung zu bringen. Aus diesem Grunde kann man große Säugetiere jahrelang in einem zoologischen Garten oder einer Menagerie halten, ohne daß ihre Liebesleidenschaft erwacht. Im Zusammenhang damit ist es interessant, die afrikanischen Kudus zu beobachten. In den Waterbergen hatte ich Gelegenheit, ganz aus der Nähe ein wundervolles Schauspiel zu sehen. In jedem Jahr entwickeln die Kudukühe zwei bis drei Wochen lang ihren besonderen Geruch; sie kommen »in Hitze«. Kurz zuvor trennen sich die Bullen von ihnen und vereinigen sich ihrerseits in kleinen Herden zum Grasen. Natürlich kommen sie noch gelegentlich mit den Kühen in Berührung, ohne jedoch irgendwelches Interesse für sie zu bekunden.

Nun aber muß man sie einmal beobachten, wenn die Kühe sich »in Hitze« befinden und 10 bis 12 Kilometer von ihnen entfernt gegen den Wind wandern! Wie ein Donnerschlag fährt es dann zwischen die Bullen! Mit einem Ruck heben sie die Köpfe und saugen mit den Nüstern begierig den Wind ein. Ihr betäubendes Gebrüll schallt von allen Seiten wider, und die ganze Herde, die eben noch friedlich graste, ist im nächsten Augenblick in eine Staubwolke gehüllt. Wir hören nur das Aufeinanderprallen der Hörner und das Wutgebrüll der Tiere, denn die sexuelle Erregung leitet regelmäßig das Erwachen des Kampftriebes ein.

Ohne den besonderen Geruch der Kühe wäre die Leidenschaft der Bullen nicht erwacht. Man kann das leicht beweisen. Zerstört man z. B. das Geruchsorgan irgendeines kleinen Säugetieres, bei dem diese Abhängigkeit vom Geruch besteht, durch einen Schnitt (bis-

weilen kommt eine solche Zerstörung auch ohne Eingriff des Menschen durch ein Geschwür zustande), so kann man danach das Männchen in engste Berührung mit dem Weibchen bringen; es wird nie wieder in geschlechtliche Erregung geraten, auch wenn das Weibchen in Hitze ist!
Als äußere Anlässe sind Geruch und Farbe immer die wesentlichen Faktoren zur Erregung der Geschlechtszentren. Die einzigen Lebewesen, die dieses äußeren Anlasses nicht bedürfen, sind die höheren Affen und der Mensch. Die gleichwohl auch bei ihnen vorkommende Kultivierung von Geruch und Farbe ist dann besonders fesselnd und geheimnisvoll. Fragt man eine Frau, warum sie die zauberhaften Parfüms gebraucht, die der Chemiker in so vollendeter Weise herzustellen vermag, so wird ihre Antwort sicher irreführend sein, deshalb nämlich, weil sie die unbewußten Motive selbst nicht kennt. Hier wirkt sich ein Trieb aus, der dem verborgensten Winkel ihrer Psyche entstammt, ein rudimentärer und vergessener Instinkt aus den Urzeiten ihrer Rasse. Sie würde erstaunt sein, wenn sie die Wahrheit wüßte und vielleicht verlegen werden, wenn sie erführe, daß die Grundstoffe all dieser Parfüms die geschlechtlichen Aussonderungen verschiedener Arten von Katzen oder Wild sind. Auch der rudimentäre Sexualstoff, der von einer bestimmten

Art von Walfischen abgesondert wird, findet in der Parfümherstellung Verwendung. Sein Duft ist sogar der ausgiebigste von allen. Das »Duftsignal« dieser Tiere kann nur als pathologische Rückerinnerung an ihr früheres Leben auf dem Lande vor Millionen von Jahren gedeutet werden. Der gewöhnliche Grundstoff all dieser signalisierenden Düfte der Tiere ist Moschus. Man findet dieses Phänomen bisweilen auch noch beim Menschen. Manche Frau wird erstaunt und vielleicht sogar ein bißchen neidisch sein, wenn sie erfährt, daß es heute noch unter etwa tausend Frauen eine gibt, die gelegentlich Moschus ausscheiden kann. Ihre ganze Haut strömt dann einen starken Wohlgeruch aus.
Wie es oft bei solchen Neigungen zu einem Rückfall in die Frühzeit der Geschichte unserer Rasse der Fall ist, wird auch diese Ausscheidung von Moschus häufiger als beim Menschen bei Individuen unter den Affen gefunden.
Jedenfalls liegt hier der Ursprung der geheimnisvollen Wünsche und Begierden, die Wohlgerüche im Menschen erwecken.
Wenn man vom Geruch spricht, sollte man immer an Ätherschwingungen denken. Es ist falsch anzunehmen, daß Gerüche an sich aus Gasen oder mikroskopisch kleinen Substanzen bestehen. Geruch ist keine ausschließlich physikalische Substanz. Zum Beweis dafür

kann die Tatsache dienen, daß man einen großen Raum zehn Jahre lang durch ein kleines Stück Moschus mit Duft erfüllen kann, ohne daß es etwas an Gewicht verliert.

Anscheinend haben wir nun einen großen Umweg gemacht, um herauszubekommen, worin das Signal der Termitenkönigin im Grunde besteht. In Wahrheit aber haben wir viele Abwege, auf die wir leicht hätten geraten können, vermieden. Das zeigt, wie geduldig und ausdauernd man sein muß, um der Natur ein winzig kleines Geheimnis zu entreißen. Nehmen wir also als beinahe sicher an – hundertprozentig sicher sein können wir natürlich niemals –, daß das sexuelle Signal der Termitenkönigin in einer Ätherwelle besteht, die aller Wahrscheinlichkeit nach von uns als Geruch aufgefaßt werden würde, wenn sie die Empfindungsschwelle unserer Sinne überschreiten könnte.

Gruppen mit den drei gewöhnlichen Termiten-Typen. Soldaten, erkennbar an den großen Köpfen; geflügelte Geschlechtstiere; noch nicht ganz ausgewachsene Nymphen. Verschiedene Größenmaßstäbe.

SPRACHE DER INSEKTEN

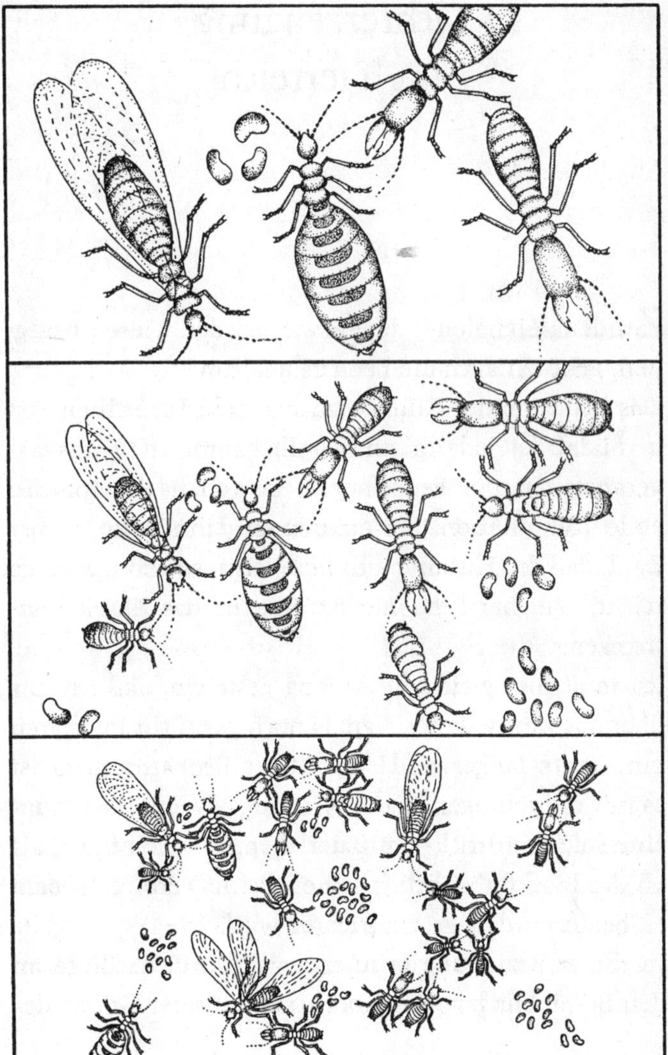

Lichterzeugung im Tierreich

Zu den »Signalen«, denen wir bei den Tieren begegnen, gehören auch die Leuchtsignale.

Das Leuchten der Glühwürmchen und Feuerfliegen ist in Südafrika jedermann wohlbekannt. In Transvaal veranstalten die Feuerfliegen bisweilen eine prachtvolle Illumination. Sie erscheinen dann in so großer Zahl, daß die Flußufer sich bei Nacht, soweit das Auge reicht, wie herrliche Lichtströme in das Dunkel erstrecken.

Ich muß hier gleich zu Anfang gestehen, daß ich mir über das Motiv dieses Signals noch gar nicht im klaren bin. Trotz langer und sorgfältiger Beobachtungen ist es mir nie gelungen, seine Wirkung – wenn überhaupt eine solche eintritt – mitzuerleben. Es scheint fast, als ob das Insekt absichtlich seine Absicht verbirgt, sobald es bemerkt, daß es beobachtet wird.

In dieser Beziehung erinnert mich die Feuerfliege an den Bestäubungsvorgang bei einem unserer Gräser, der

Aristida. Wer sich jemals an eine herzbrechend hoffnungslose Unternehmung wagen will, dem rate ich, den Versuch zu machen, Zeuge dieser Bestäubung zu sein. Ich erinnere mich noch sehr gut, wie ich einen ganzen Tag bis in die späte Nacht hinein bei einer noch unbestäubten Pflanze Wache hielt. Bei Nacht zündete ich Grubenlampen an, die einen etwa hundert Meter umfassenden taghellen Lichtkreis um sie verbreiteten. Und als ich dann, todmüde und erschöpft, schließlich für ein paar Stunden schlafen gegangen war, konnte ich hinterher nur noch feststellen, daß sich das Wunder während meines Schlafes vollzogen hatte – denn die Bestäubung findet regelmäßig gerade dann statt, wenn man es am wenigsten erwartet: ein oder zwei Stunden vor Tagesanbruch.

So verbrachte ich auch manche schlaflose Nacht, um die Feuerfliege zu beobachten, und habe doch niemals herausbekommen, was wohl der Zweck ihres Leuchtsignals sein könnte. Man muß wohl annehmen, daß es ein Geschlechtssignal ist, aber immer wieder kommen einem Zweifel, weil die Tiere in ihrem Geschlechtsleben nicht auf Lichterscheinungen angewiesen sind.

Auch andere Insekten leuchten zuzeiten, doch keines von allen macht einen so wundervollen, geradezu bezaubernden Eindruck wie der große grüne Tausend-

füßler, der in den tropischen Teilen Afrikas vorkommt. Bei Leuten, die diese Geschöpfe nicht kennen, erweckt das riesenhafte Insekt Furcht und Grauen.
Aus irgendeinem Grund, der mir unbekannt geblieben ist, beginnt dieser Tausendfüßler bisweilen zu leuchten, aber nur selten. Ich selbst habe ihn so nur zweimal gesehen. Das Schauspiel gehört zu denen, die man nie wieder vergißt. Wenn man im Dunkeln plötzlich auf ihn stößt, meint man, ein kostbares Juwelenhalsband vor sich zu haben.
Das Tier – die beiden, die ich sah, waren Weibchen – ist ungefähr 36 cm lang und scheint, sonst flink und behende, zur Zeit des Leuchtens in einen Zustand kataleptischer Lähmung zu verfallen. Seine ganze Kraft wird dann wohl für die Erzeugung des strahlenden Lichtes verbraucht. Es ist so hell, daß man in einem dunklen Zimmer feine Druckschrift in einer Entfernung von gut einem halben Meter lesen kann.
Ich habe keine Ahnung, auf welche Weise dieses Licht entsteht. Einer meiner Freunde, ein Chemiker, hat alle Organe des leuchtenden Tausendfüßlers untersucht, aber er hat keine Spur eines uns bekannten leuchtfähigen Elementes finden können. Bei schwacher Vergrößerung schien das Licht von zwei leuchtenden Flecken nahe am Ende eines jeden Körpergliedes auszustrahlen. Es ist unruhig. Das unregelmäßige Erglühen

und Schwächerwerden geht von einer Mitte intensiven weißen Lichtes aus. Die beiden Lichtkreise sind voneinander unabhängig. Der Wechsel an Intensität ist mit einem bezaubernden Farbenspiel verbunden. Von der Mitte aus erscheinen die Farben in folgender Ordnung: helles Gelb, lichtes Grün, Smaragdgrün, Dunkelgrün, Blau, Dunkelblau, Rot, Purpur, Violett. Das Licht hat seine Quelle im Körper des Insekts und leuchtet durch die Haut hindurch, während das Licht des Glühwürmchens außerhalb der Haut seinen Ausgangspunkt zu haben scheint.

Ich habe über die Lichterzeugung der Tiere sprechen wollen, um die Liste der Tiersignale zu vervollständigen, aber hier bleibt der Forschung noch viel zu tun übrig. Über die Feuerfliege z. B. wissen wir in dieser Hinsicht noch so gut wie gar nichts. Welchen Zweck hat das Licht? Was *ist* es überhaupt? Ich muß noch einmal gestehen, ich weiß es nicht. Ich kann wohl sagen, was es *nicht* ist, aber die andere Seite der Bilanz bleibt ein leeres Blatt – keine seltene Situation, wenn man dahinterkommen will, auf welche Weise Tiere uns wohlbekannte Naturkräfte für ihre Zwecke nutzbar machen!

Eine südafrikanische Qualle z. B. verfügt zu Verteidigungszwecken über eine elektrische Ladung, mit der sie einen Menschen erschreckt, wenn er sie unter Wasser berührt. Nun ist aber fast ihr ganzer Körper mit Wasser gefüllt, das ja ohne Isolierung einen guten Leiter für Elektrizität abgibt. Das Tier ist von Seewasser umgeben, und Seewasser leitet noch besser als der menschliche Körper. Unter diesen Umständen scheint es unmöglich, daß das Tier imstande sein soll, eine elektrische Ladung überhaupt aufzuspeichern, geschweige denn dem Menschen einen elektrischen Schlag zu versetzen. Es *kann* es einfach gar nicht tun – und doch gelingt es ihm.

Da wir gerade von Feuerfliegen und Glühwürmchen sprechen, möchte ich meinem Zweifel gegenüber einer Theorie des berühmten Fabre Ausdruck geben. Er starb mit der Gewißheit, das Geheimnis des Insektenlichtes entdeckt zu haben. Sein Gedankengang war folgender: Auf der Haut des Insekts finden wir ein weißes Pulver, das ähnlich aussieht wie Reif. In diese Schicht leitet das Tier zwei Luftströme. Unterbindet man diese Luftströme, so erlischt das Licht. Da nun bekanntlich Licht nur unter Anwesenheit von Sauerstoff entstehen kann und erlischt, wenn man diesen entzieht, so schloß Fabre, daß das Leuchten eine Art Oxydation sei. Er selbst war seiner Sache absolut sicher, und seine Behauptung ist seitdem von vielen Schriftstellern wiederholt worden.

Ich möchte dazu folgendes sagen: Wenn das Licht wirklich Oxydation, also Verbrennung ist, dann ist es eine

Art von Oxydation, die sonst nirgends in der Natur vorkommt, die der beste Chemiker nicht nachvollziehen kann und die unsere Kenntnisse von den Eigenschaften des Sauerstoffs vollkommen über den Haufen werfen würde.

Oxydation ist immer mit der Erzeugung von Wärme verbunden. Wenn die Verbrennung sehr langsam vor sich geht, wie z. B. beim Rosten von Metall, so wird sie zwar nicht bemerkt, ist aber doch vorhanden. Sobald die Verbrennung aber schnell genug erfolgt, um Licht zu erzeugen, so nimmt sie einen explosiven Charakter an und ist dann immer mit dem Auftreten feststellbarer Wärme verbunden. Oxydation ohne Wärmeerzeugung ist ebenso unmöglich wie Feuer ohne Schein.

Daß Sauerstoff nötig ist für die Lichterzeugung der Feuerfliege, beweist noch nicht, daß dieses Licht durch Oxydation entsteht, wie Fabre behauptet. Nimmt man eine Feuerfliege und prüft sie mit einem hochempfindlichen Thermometer, so wird man zur Zeit des Leuchtens keine Temperaturerhöhung bemerken. Man könnte ohne weiteres zeigen, daß zur Erzeugung eines so starken Lichtes, wie es die Feuerfliege ausstrahlt, die Körper von 1800 Feuerfliegen verbrannt werden müßten! Ich glaube daher, daß Fabre unrecht hatte.

Noch eine letzte Bemerkung zu diesem Thema. Vor

einigen Jahren hat ein japanischer Naturforscher entdeckt, daß die Feuerfliege Strahlen aussendet, die imstande sind, auf eine photographische Platte durch die schwarze Umhüllung hindurch zu wirken. Wahrscheinlich sind das jene Strahlen, die für das menschliche Auge nicht wahrnehmbar sind. Ich bin leider nicht in der Lage gewesen, dies nachzuprüfen und zu untersuchen, ob unsere südafrikanischen Feuerfliegen auch solche Strahlen aussenden.

Was ist »Psyche«?

Das, was wir »Psyche« oder »Seele« nennen, ist jedenfalls etwas, das völlig außerhalb des Bereiches unserer Sinne liegt. Niemand hat je die Seele oder auch nur ein Stück von ihr gerochen, gehört, geschmeckt oder gefühlt. Und doch spüre ich in meinem eigenen Innern etwas, das nicht zu meinem den Sinnen zugänglichen Körper gehört. Die Möglichkeit es wahrzunehmen, beschränkt sich natürlich auf Teile meiner eigenen Psyche. Die Seele meines Bruders kann ich ebensowenig auf unmittelbare Weise erreichen wie die Psyche der Termiten. Daß aber auch andere Seelen existieren, muß ich annehmen, weil ich durch sprachliche Mitteilungen von ihnen weiß. Selbstbeobachtung (Introspektion) ist also einer der Wege, auf denen ich mich der Existenz von »Seelenhaftem« vergewissern kann. Aber das ist ein besonderer Wissenschaftszweig, der uns im Augenblick nichts angeht. Für unser Studium der Termiten wird es sich als interessanter erweisen, wenn wir uns einem anderen Problem zuwenden.

Bei meinen Darstellungen will ich mich bemühen, wissenschaftliche und technische Fachausdrücke soweit wie möglich zu vermeiden; aber ich kann es nicht umgehen, etwas ausführlicher zu werden. Es gibt einige Dinge, die man wissen muß, will man die Wunder des Termitenstaates begreifen, von denen ich später berichten will.
Ich möchte dabei betonen, daß all die wichtigen Definitionen, die jetzt folgen sollen, von mir selber aufgestellt wurden. Mögen sie nun wert sein, was sie wollen, ich allein trage die Verantwortung dafür. In wissenschaftlichen Büchern wird man vergeblich nach einer Bestätigung dessen, was ich hier sage, suchen. Trotzdem gebe ich mich der nicht unbegründeten Hoffnung hin, daß diejenigen, die sich einem wirklichen Studium der Natur widmen, meine Angaben als wahr bestätigen und als den einzigen Zugang zu manchem bisher ungelösten Geheimnis, das in dem Verhalten der Lebewesen liegt, ansehen werden.
Hören wir zunächst, was die Wissenschaft meint. Seele, so sagen wissenschaftlich und sehr logisch denkende Leute, ist *ein Zustand der Materie.* (Ebenso lautete die erste Definition, die man für den Magnetismus gab.) Keinesfalls meinen sie, daß die Psyche jeweils einen bestimmten Zustand der Materie *verursachen* könne, denn dafür gäbe es keinerlei Beweise. Aber die Analogie

zum Magnetismus und die Entdeckungen, von denen wir später reden werden, geben uns ein Recht, folgendes zu behaupten:

Erstens: Die Seele ist etwas, das außerhalb des Bereiches unserer Sinne liegt; sie verursacht aber gewisse Zustände der Materie, die dann von den Sinnen erfaßt werden.

Es ist nun leicht einzusehen, daß wir solche Zustände nur wahrnehmen können, wenn sie in Bewegungen anschaulich werden. Aber dann entsteht die Frage, was denn eine »psychologische« Bewegung ist?

Unser ganzes Leben vollzieht sich in einer Welt der Bewegungen. Wir sehen Staub und Blätter im Winde herumwirbeln; wir sehen Ströme dahinziehen und Wasserpflanzen sich in ihnen wiegen; wir hören den Wind und fühlen ihn; wir sehen eine kleine Ameise, die Futter in ihren Bau trägt; wir sehen ein Ei, das scheinbar ganz bewegungslos ist – welches aber doch, wenn wir es nur lange genug und aufmerksam beobachten, eine fortgesetzte Bewegung zeigt, die eventuell ein Küken heranbildet. Welche von all diesen Bewegungen sind nun »psychologische« und welche nicht? Wir brauchen nicht erst tief in die Logik und Metaphysik einzudringen, um dafür eine Definition zu finden. Wir wollen einfach sagen: Nur eine solche Bewegung, die ein bestimmtes »Motiv« hat, also zweckmäßig verläuft, soll uns als psychologische Bewegung gelten.

Der Maßstab nun, der uns instandsetzen wird, herauszufinden, wo ein Motiv vorliegt und wo nicht, ist natürlich nur in unserer eigenen Seele zu finden.

Sehr logisch denkende Leute mögen mit diesem Teil unserer Definition nicht zufrieden sein, aber dem praktischen Naturforscher genügt sie.

Zweitens: Wir wissen aus Erfahrung, daß solche zweckmäßigen Bewegungen nur in einer bestimmten Art von Materie – der organischen – vorkommen; daß sie ferner meistens im Organismus selbst ihren Ursprung haben und nicht von äußeren Kräften abhängig sind. Ich sage absichtlich *meistens*, weil es in der Natur vielerlei Zweckvolles gibt, das, obwohl es von äußeren Kräften abhängt, doch in unserem Sinne psychologisch genannt werden muß. Der Same des sogenannten »Flötenrohrs« z. B. schwebt in Gestalt einer kleinen Puderquaste wie ein winziges Luftschiff auf der leichtesten Brise dahin, aber sobald er über einen Teich oder Sumpf gelangt, sinkt er wie ein Vogel nieder, der sich aufs Wasser oder auf feuchten Boden niederlassen will. Auf den ersten Blick macht diese Bewegung den Eindruck einer typisch psychologischen Bewegung, die von dem Samen selbst ausgeht. Solche psychologischen Bewegungen kommen allerdings in der Pflanzenwelt nur sehr selten vor. Bei näherem Zusehen finden wir denn auch folgende einleuchtende Erklärung: Die kleine Puderquaste empfängt vor ihrer Lösung vom Mutterstamm durch die vom Winde bewirkte Reibung eine Ladung negativer Elektrizität. Die Folge davon ist, daß sich all die feinen Härchen des Büschels auseinanderspreizen. Solange sie so gesträubt sind, segelt der Same durch die Luft; sobald er aber mit Wasserdunst in Berührung kommt, entlädt sich die Elektrizität: die Quaste fällt in sich zusammen und der Same sinkt langsam zu Boden.

Auf diese Weise erreicht die Pflanze erstens, daß der Same weit verbreitet wird, und zweitens, was noch wichtiger ist, daß er nur in feuchtes Erdreich niedersinkt. Die Pflanze gelangt also in diesem Fall dadurch zu ihrem Ziel, daß sie Naturkräfte, die außerhalb ihrer selbst liegen, sich nutzbar macht. Nichtsdestoweniger fällt dieses Geschehen in den Bereich unserer Definition von Bewegungen, die zweckmäßig verlaufen und darum als psychologisch angesehen werden müssen.

Drittens: Die psychologische, also zweckmäßige Bewegung hat meistens – aber eben nur meistens, nicht immer – im Organismus selbst ihren Ursprung.

Diese Definition wird dem praktischen Naturforscher genügen, wenn es auch gelegentlich vorkommen kann, daß er noch auf Schwierigkeiten stößt, die scheinbar nicht mit ihr zu vereinen sind; so z. B. der vorgetäuschte Tod des Toktokkies oder das Wachstum eines Kristalls; aber mit einigem Nachdenken wird er doch zu dem Schluß kommen, daß unsere Definition ausreicht.

Jetzt nur noch einige Worte hinsichtlich unserer Einteilung solcher zweckmäßiger Bewegungen, dann können wir dieses Thema verlassen und uns wieder den Termiten zuwenden. (Wie notwendig diese Ausführungen waren, wird sich später zeigen.)

Ich teile die zweckmäßigen Bewegungen folgendermaßen ein:

1. Zweckmäßige Bewegungen in der Pflanzenwelt.
   a) Tropismen. Das sind solche, die den Eindruck hervorrufen, als hätten sie ihren Ursprung im Organismus selbst, z. B. die Wendung der Pflanzen zum Licht oder die einer Ranke zum Gegenstand, an dem sie sich festhalten kann.
   b) Bewegungen, die abhängig sind von äußeren Naturkräften, z. B. das Niedersinken des Samens des Flötenrohres in feuchten Boden.
2. Zweckmäßige Bewegungen bei den niederen Tieren. Die allgemeinsten und wichtigsten sind solche, die ihren Ursprung im Organismus selbst haben; äußere Naturkräfte werden benutzt, aber in anderer Weise als die Pflanzen es tun.

   Die in diese Abteilung gehörenden Bewegungen haben die Eigentümlichkeit, immer in festen Formen zu verlaufen; der Organismus kann sein Verhalten niemals ändern; er ist darin wie in seinen körperlichen Organen durch Erbanlage bestimmt.

Der Forscher kommt bei seinen Untersuchungen auf diesem Gebiet sehr schnell zu dem Schluß, daß zweckmäßige Bewegungen nur vorkommen können, wo es das gibt, was wir Gedächtnis nennen; vollziehen sie sich in erbmäßig vorherbestimmten Bahnen, so bezeichnen wir sie als Instinkt. In der Insektenwelt begegnet man dem Instinkt in seiner ganzen ursprünglichen Vollkommenheit, und er bleibt sich in der Welt der niederen Tiere bis hinauf zum Affen und zum Menschen gleich. Erst bei letzteren kommt es zu einer umfassenden und überraschenden Veränderung, und zwar sowohl bezüglich der Qualität wie der Quantität.

Ich sagte, das Gedächtnis, welches den Instinkt der niederen Tiere begründet, sei genauso erbbestimmt wie die körperlichen Organe. Folgendes Experiment, das ich selbst ausgeführt habe, wird erklären, was ich meine:

Der wohlbekannte gelbe südafrikanische Webervogel (es gibt verschiedene Arten; zu diesem Experiment kann jede von ihnen benutzt werden) flicht ein wunderschönes kleines Nest an den äußeren Spitzen elastischer Zweige – mit Vorliebe über dem Wasser. Oft sieht man solche Nester an den Enden der graziös herabhängenden Zweige einer Trauerweide. Man kann beobachten, wie das erste Stückchen Gras an den Zweig gebunden wird und wie der kleine Vogel eine ganz bestimmte Art von Knoten macht. Der ausgewachsene Webervogel nährt sich von Samen, während er seine Jungen so lange, bis sie fast flügge sind, mit Würmern füttert. Zweierlei also wird von dem Instinkt-Gedächtnis des Tierchens festgehalten:

a) wie das Nest gebaut wird, und

b) wie die Jungen gefüttert werden.

Ich habe nun einmal versucht, die Eier des gelben Webervogels vier Generationen hindurch von Kanarienvögeln ausbrüten zu lassen, und habe dann die Jungen, wenn sie erwachsen waren, daran gehindert, ihr charakteristisches Nest zu bauen. (Dies ist der schwierigste Teil des Experiments, aber man kann es durchführen.) Die Vögel wurden auf synthetische Weise ernährt und lernten weder Würmer noch Insekten kennen. Ich richtete es auch so ein, daß sie niemals einen Grashalm zu sehen bekamen, den sie hätten zum Nestbau benutzen können. Erst der vierten Generation stellte ich dann alles, was sie unter normalen Umständen braucht, zur Verfügung. Wohlgemerkt: durch vier Generationen haben die Tiere weder ein geflochtenes Nest gesehen noch einen Wurm zu fressen bekommen. Unmöglich konnten sie auf Grund eigener Erfahrung, mit Hilfe ihres individuellen Gedächtnisses wissen, was zu tun sei. Ich erwartete nun, daß mindestens *irgendeine* Abweichung von ihrem gewöhnlichen Verhalten die Folge sein würde. Aber weit gefehlt! Als die Zeit des Nestbaues herankam, begannen die Vögel mit Feuereifer nach der Art ihrer Vorfahren zu flechten. Sie machten sogar mehr Nester als sie benötigten, wie das als Schutzmaßnahme oftmals vorkommt. Als sie ihre Jungen dann ausgebrütet hatten, fütterten sie sie mit Würmern, wie ihr Instinkt es ihnen vorschrieb, obwohl sie selbst noch nie einen Wurm zu fressen bekommen hatten.

Dieses Beispiel zeigt, was ich mit ererbtem Instinkt-Gedächtnis meine.

An dem Webervogel können wir sozusagen die positive Seite des Instinkt-Gedächtnisses beobachten; es hat aber auch eine negative Seite. Dieser Gedächtnistyp erweist sich nämlich als ein furchtbarer Tyrann, denn er gewährt dem Einzelwesen nicht die Vorteile, die ihm ein individuelles Kausalgedächtnis[1] verschaffen würde. Ja, unter Umständen treibt es das Tier in den sicheren

[1] Nur eine Psyche, die imstande ist, einen Eindruck von der allgemeinen Natur-Kausalität zu bekommen – nämlich davon, daß gleiche Ursachen gleiche Wirkungen hervorbringen – und diesen Eindruck im Gedächtnis zu bewahren, ist zu zweckmäßigem Handeln fähig.

Tod hinein, wenn die Rettung nur in einem Handeln gegen die ererbten Vorschriften erreicht werden könnte. Zwei Beispiele mögen das veranschaulichen:

Die schwarze Straßenbau-Ameise – diesmal wirklich eine Ameise, keine Termite – kommt in vielen Gegenden Südafrikas vor. Sie legt Straßen an, manchmal Hunderte von Metern lang, und schleppt auf ihnen alle möglichen Pflanzen- und Grassamen zu ihrem Nest. Von weitem sieht es so aus, als zögen verschiedene Sorten von Ameisen, weiße und schwarze, wie zwei Ströme aneinander vorbei. Die einen tragen nämlich jede ein weißes Samenkorn, während die anderen ohne Last dahinziehen. Die herbeigeschleppten Körner werden hinunter ins Nest gebracht, dort sorgfältig von ihrer Schale befreit und aufgespeichert; die Schalen bringen die Ameisen wieder herauf und legen sie auf einen Haufen. Eine besondere Art der Straßenbau-Ameise ist im Besitz eines wundervollen Geheimnisses, das selbst der Mensch noch nicht entdeckt hat: Sie weiß nämlich, wie man das Keimen des Samens verhindert, selbst dann, wenn er im Feuchten und Dunkeln lagert! Es scheint, als würde sie eine Zauberformel kennen, mit der sie den Samen bespricht. Im Mikroskop ist nichts Auffälliges an solch einem Korn zu entdecken, aber wenn nun ich – der Mensch – es nehme und an dieselbe Stelle lege wie die Ameisen, so keimt es in wenigen Stunden. Nun, wieder ein ungelöstes Geheimnis der Natur! Doch kehren wir zu unserem Thema zurück. Die Straßenbau-Ameisen haben eine schreckliche Angst vor Wasser. Ihr größter Feind in der Natur ist eine Überschwemmung. Der Grund dafür ist der, daß sie ursprünglich in der Wüste zu Hause waren und erst vor noch nicht allzu langer Zeit in günstigere Gegenden ausgewandert sind. Darum haben sie noch nicht gelernt, ihr unterirdisches Nest gegen anhaltende Regengüsse zu schützen. Tief eingewurzelt wohnt in ihnen die Furcht vor dem Erzfeind ihrer Rasse, und die einzige Rettung, die sie kennen, ist die Flucht – so schnell und so weit weg wie möglich!

Zieht man nun versuchsweise einen kleinen Graben quer über ihren Weg und füllt ihn mit Wasser, so wird man die größte Bestürzung unter ihnen hervorrufen. Auf beiden Seiten des Grabens strömen sie in Massen zusammen und brauchen sehr, sehr lange Zeit, bis sie entdecken, daß das Hindernis durch einen Umweg leicht zu umgehen wäre. Noch ehe sie aber darauf kommen, legt man über den Wassergraben einen Grashalm, der ihnen als Brücke dienen könnte. Sogleich wird man ein sonderbares und rätselhaftes Gebaren bei ihnen beobachten. Die Ameisen fangen an, die gefährliche Brücke zu prüfen. Eine nach der anderen nähert sich ihr und probiert sie mit den Vorderbeinen aus, indem sie ihren Körper streckt und sich mit den Hinterbeinen am Ufer festklammert. Wenn sie so die Brücke mit Beinen und Fühlern betasten, spüren sie das Wasser und ziehen sich hastig zurück, um ihren Gefährten zu sagen, daß die Brücke ohne Zweifel sehr gefährlich sei. Dies geschieht aber nur an der Seite des Grabens, wo die unbeladenen Tiere zusammengeströmt sind. Am gegenüberliegenden Ufer verläuft alles ganz anders. Dort haben sich die zurückkehrenden Ameisen versammelt; eine jede trägt schwer an ihrer Last, und nur mühsam kommt sie vorwärts. Was geschieht nun an der Brücke? Ohne das geringste Zögern betreten sie alle den Halm, ungeachtet ihrer Bürde. Bisweilen kentert die eine oder die andere, aber dann klammert sie sich mit allen sechs Beinen an der Brücke fest und krabbelt hinüber. Immer gelingt es ihr, die Last in Sicherheit zu bringen, und sie eilt heimwärts zum Nest, als ob unterwegs gar nichts Außergewöhnliches passiert sei.

Man steht hier vor einem Rätsel. Die unbeladene Ameise hat Angst, auf der Brücke ihr Leben zu riskieren; die beladene überschreitet sie mit ihrer Last, die diesen Weg für sie hundertmal gefährlicher macht. Das Tragen der Last kann sie doch nicht gehindert haben, das Wasser zu bemerken!

Als nächsten Schritt nimmt man ein viereckiges, mit

Erde bedecktes Stück Zinn und schiebt es unter die Ameisen, die leer aus dem Nest gekommen sind; wenn sie darauf einen dicken Haufen gebildet haben, hebt man es hoch und zeichnet möglichst viele der Tiere, indem man mit einem feinen Haarpinsel einen Klecks auf ihren Hinterleib macht. Nun schüttelt man sie auf der gegenüberliegenden Seite des Grabens auf den Boden. Sofort stürzen alle den Weg entlang, um kurz darauf mit ihren Körnern beladen wiederzukehren. Und jetzt überschreiten sie die Brücke ohne das geringste Zögern, als hätten sie ihr Leben lang nichts anderes getan, als über Brücken zu gehen! Nach einer Weile kommen einige der gezeichneten Ameisen vom Nest zurück, wo sie den Samen sorgsam niedergelegt haben. Kaum sind sie an der Brücke angekommen, so stutzen sie, und um nichts in der Welt wird man eine von ihnen dazu bewegen, hinüberzugehen! Wer die nötige Forschergeduld aufbringt, kann so vom Morgen bis zum Abend fortfahren, bist fast jede Ameise mit einem roten Klecks gezeichnet ist; es wiederholt sich immer dasselbe Schauspiel. Am Ende hat sich folgendes gezeigt:

a) Die Ameisen werden niemals durch eigene Erfahrung lernen, daß die Brücke überhaupt nicht gefährlich ist.

b) Man wird keine einzige von ihnen dahin bringen

zu begreifen, daß eine Brücke, über die sie eben erst mit schwerer Last gefahrlos hinüberkam, erst recht sicher sein müßte, wenn sie nun versuchte, sie leer zu überschreiten. Hunderte von Malen konnte jede von ihnen erleben, daß die Brücke hält; ja, wenn man das Experiment monatelang fortsetzt, kann jede Ameise tausendmal dieselbe Erfahrung machen. Aber ihr Verhalten ändert sich nie.

Nun stellt sich die Frage, warum die Tiere sich so seltsam verhalten? Wer in der Tierpsychologie ein wenig zu Hause ist, für den ist die Antwort nicht schwer zu finden. Die Ameise, die leer aus dem Nest kommt, wird in ihrem Tun und Lassen von dem Instinkt geleitet, Futter herbeizuschaffen. Dieser Trieb kann sich aber nicht ungehemmt auswirken, weil ein nie aussetzender und mächtiger Trieb dem entgegensteht – der »Heim-Instinkt«. Er ist der stärkste von allen Trieben, wenn man den Sexualtrieb ausnimmt, der während der Zeit, wo er in einem Lebewesen herrscht, von keinem anderen an Mächtigkeit übertroffen wird. Steigen wir die Skala der Lebewesen weiter hinauf, so nennen wir den Heim-Instinkt »Heimweh«. Die Ameisen, die mit den Samenkörnern zurückkehren, werden also von zwei mächtigen Trieben in dieselbe Richtung gedrängt: dem Heim-Instinkt und dem Trieb, die Nahrug in Sicherheit zu bringen. Es ist, als hätte man Fäden an den Tieren befestigt und zöge sie daran. Dagegen ist der Faden, der die Ameise vom Nest fortzieht, ziemlich schwach; sobald sie Gefahr wittert und sich fürchtet, reißt er. Die Zurückkehrende aber wird von zwei starken Fäden zugleich gezogen, die nicht einmal durch die Todesfurcht zum Reißen gebracht werden können.

Nach diesem Beispiel wird jeder verstehen, was der Psychologe meint, wenn er sagt, die Instinkt-Psyche erlaube nicht, von dem einmal ererbten Schema des Verhaltens abzuweichen, und das Einzelwesen könne keine Kausalerinnerung erwerben. Mit anderen Worten heißt das: es kann nicht durch eigene Erfahrung lernen. Ich habe dann weiter gesagt, das Erbgedächtnis werde niemals außer Kraft gesetzt, auch nicht angesichts des sicheren Todes, wenn die Rettung nur durch ein dem Artgedächtnis zuwiderlaufendes Verhalten ermöglicht werden könnte. Dafür soll uns der Springbock[1] aus der Springbockvlakte im Waterberg-Distrikt als Beispiel dienen. Diese »Vlakte« oder Ebene ist ein offenes Gelände, das wie eine Insel im Busch von Transvaal liegt. Der Springbock ist ganz auf das Leben in der Ebene eingestellt; d. h. sein Erbgedächtnis kennt nur die Ebene. Hier versteht er Gefahren auszuweichen; hier findet er die günstigsten Futterplätze; er weiß, welche Nahrung am zuträglichsten für ihn ist, wie und wann

[1] Antilopenart.

er sein Quartier wechseln muß. Er kann über sehr weite Strecken äugen und wittern. Vor zwanzig Jahren gab es in jener Ebene Tausende von Springböcken. Jetzt sind sie vollkommen ausgerottet. Langsam aber stetig sind Siedler dort hingezogen, haben Farmen angelegt, Felder abgesteckt und so die Springböcke vertrieben. Im Westen erheben sich die Berge; gegen Norden liegt der endlose Busch. Dort wären sie sicher gewesen. Der Tod lag auf der einen, Sicherheit auf der anderen Seite. Aber sie konnten den Übergang zu einer anderen Lebensweise, der sie gerettet hätte, nicht vollziehen. Viele andere, weniger spezialisierte Wildarten zogen sich in den Busch zurück und entgingen so der Ausrottung. Aber die Springböcke kehrten, selbst wenn sie von den Jägern – wie dies oft geschah – in den Busch getrieben worden waren, immer wieder zurück, manchmal noch am selben Tage, und liefen in der offenen Ebene dem sicheren Tod in die Arme.

Nun müssen wir aber noch zwei weitere Arten psychologischer Bewegungen erwähnen, ohne deren Kenntnis man nicht hoffen darf, auch nur ein ganz klein wenig von dem Verhalten der Termiten zu verstehen. In unserer Einteilung folgen also:

3. Zweckmäßige Bewegungen einer Gruppe.

Es kommen nämlich bei den Lebewesen, die einer Gruppe angehören, Bewegungen vor, die allein vom

Wohlergehen dieser Gemeinschaft her bestimmt sind. Wir nennen diese Erscheinung »Gruppenseele«. Man stößt auf sie bei den Termiten, den Ameisen, den Affen – kurz bei allen Tieren, die in Gruppen leben, die Herdentiere sind.

4. Zweckmäßige Bewegungen einer Psyche, die ein individuelles Gedächtnis besitzt.

Sie kommt nur bei den Primaten[1] vor, beim Menschen also und beim Affen.

Wer sich z. B. einmal längere Zeit mit Pavianen beschäftigt, wird sehr bald bemerken, daß der Unterschied zwischen den niederen Affen und den am höchsten stehenden Säugetieren (wie Hund oder Otter) in psychischer Hinsicht viel größer ist als der zwischen der Seele des Affen und der des Menschen.

Worin besteht nun aber genau genommen dieser Unterschied? Wir wissen zwar, daß er vorhanden ist, aber dieses Wissen in Worte zu fassen, ist gar nicht so leicht. Viel geduldige Arbeit war nötig, ehe ich imstande war, schwarz auf weiß niederzuschreiben, was ich in dieser Hinsicht entdeckte.

Fragt man einen Wissenschaftler, worin der Pavian und der Otter sich in ihrem Seelenleben unterscheiden, so wird er in neun von zehn Fällen sagen, der Pavian besitze Intelligenz und die Fähigkeit, Schlüsse

[1] Zoologischer Begriff, der Menschen und Affen umfaßt.

zu ziehen, während dem Otter beides fehle. Das ist genauso klar, als wenn er sagte, der Pavian ist ein Pavian und der Otter ist ein Otter. Keine der beiden Angaben ist dazu angetan, uns weiterzubringen. Ein anderer sagt vielleicht, ein Affe könne leichter neue Gewohnheiten annehmen als ein Otter.

Das ist schon aufschlußreicher; aber allein genügt es noch nicht.

Sehen wir uns einmal das Erb- oder Artgedächtnis, von dem ich oben gesprochen habe, genauer an. Worauf läuft es dabei nun eigentlich hinaus? Stellen wir uns z. B. einen auf dem Lande lebenden Vogel vor, der, wie alle Vögel, fliegen kann und auch sonst in nichts von ihnen abweicht. Nach und nach fängt dieser Vogel zufälligerweise an, seine Nahrung am Seestrand zu suchen. Nach Millionen von Jahren lernt er, in tieferem Wasser Fische zu fangen. Sobald dies eine feste Gewohnheit geworden ist, fängt die »natürliche Auslese« an zu wirken. Der Vogel wird beim Vordringen in das Wasser eine um so größere Chance zum Fortbestehen haben, je mehr er psychisch und physisch den neuen Lebensumständen angepaßt ist. Nach weiteren Jahrmillionen kommt es deshalb dahin, daß er keine eigentlichen Flügel mehr hat; sie dienen ihm jetzt als »Ruder«. Seine Federn sind schuppenartig geworden, die Form der Füße hat sich, gemäß der neuen Aufgabe zu schwimmen, verändert. Zuletzt haben wir ganz eindeutig den Pinguin vor uns.

Beobachten wir nun so einen Pinguin oder einen Otter – denn alles, was ich gesagt habe, trifft für beide zu –, so fallen uns verschiedene wichtige Tatsachen ins Auge. Ich will hier als Beispiel einen Vorgang erzählen, den ich selbst beobachtet habe.

In Waterberg konnte man einmal bei einer vier Jahre lang andauernden Dürre, die alle Flüsse ausgetrocknet hatte, viele Ottern auf dem Gelände finden, das an die großen Wasserläufe angrenzt. Es gab da wohl noch Wasserlachen, aber sie enthielten weder Fische noch Krabben, die die gewöhnliche Nahrung der Ottern bilden. Nun ist der Otter ein geschicktes Tier, und man kann ihn lehren, wie eine Katze Vögel oder kleine Landtiere zu fangen. Aber von selbst kommt er nicht darauf, so daß Hunderte dieser Ottern eingingen, trotzdem sie Überfluß an Nahrung hätten finden können. Damals verschaffte ich mir ein paar neugeborene Ottern, von denen ich den einen nach Springbockvlakte schickte; das liegt etwa 45 km von jedem fließenden Wasser entfernt. Da das Tier gleich nach der Geburt aus dem Bau ausgegraben worden war, hatte es niemals einen Fluß gesehen. Eine Hündin zog es zusammen mit ihren eigenen Jungen auf. Es bekam dann später nichts anderes zu fressen als rohes Fleisch, Vögel oder andere

Landtiere und lernte Wasser nur im Napf, als Trinkwasser, kennen.
Zur selben Zeit versetzte ich einen neugeborenen Pavian aus den Bergen in die Ebene und zog ihn mit der Flasche auf. Als er erwachsen war, wurde er auf eine von seiner natürlichen Gewohnheit abweichenden Weise ernährt: niemals hatte er Gelegenheit, ein lebendes Insekt zu fangen oder zu fressen. Als diese beiden Tiere drei Jahre alt waren, wurden sie in die ihnen von Natur gemäße Umgebung zurückversetzt, der Otter an den Sterk-Fluß, von wo er ursprünglich herstammte, und der Pavian in die Dubbele-Berge, wo seine Mutter seinerzeit erschossen worden war. Beide hatten vorher eine Weile nichts zu fressen bekommen. Hier bot sich mir nun eine wundervolle Gelegenheit, den Unterschied im Verhalten dieser beiden Geschöpfe zu beobachten. Der Otter stürzte sich nach nur kurzem Zögern ins Wasser, hatte binnen einer knappen halben Stunde eine Krabbe und einen großen Karpfen gefangen und verschlang seine Beute oben auf dem Felsen. Der Pavian dagegen war vollkommen hilflos. Seine natürliche Nahrung hätte ihm in Menge zur Verfügung gestanden, aber, obwohl er am Verhungern war, kam es ihm nicht in den Sinn, unter Steinen nach Insekten zu suchen, wie dies in der Wildnis aufgewachsene Paviane zu tun pflegen. Zweifellos wäre er verhungert, wenn man ihn

sich selbst überlassen hätte. Als ich für ihn einen Stein umwandte, zog er sich vor den wimmelnden Insekten zurück und bekundete deutlich seinen Abscheu. Nur mit großer Mühe gelang es mir, ihn dazu zu bewegen, einen toten Skorpion zu probieren, dem ich den Stachel ausgezogen und die Giftdrüse entfernt hatte. Schließlich brachte er es fertig, selbst einen lebenden Skorpion zu fangen, aber mit dem Resultat, daß er auf der Stelle in den Finger gestochen wurde. Er griff dann auch wahllos nach einer giftigen Frucht, und sein Leben konnte nur durch einen künstlichen Eingriff gerettet werden. Einem wild aufgewachsenen Pavian wird so etwas nicht passieren, denn er hat seinen Gefährten von früh an die richtige Verhaltensweise abgeschaut. Unser zahmer Pavian begriff dann zwar auch alle diese Dinge allmählich, aber er mußte erst durch eigene schmerzhafte Erfahrungen belehrt werden.

Wir können daraus entnehmen, daß die Natur für den Pavian zweierlei getan hat: Erstens hat sie ihm eine Psyche verliehen, die fähig ist, individuelle Kausalerinnerungen festzuhalten, dafür hat sie ihm aber zweitens sein ererbtes Artgedächtnis genommen. Der Pavian bezeichnet einen Übergangspunkt in der Tierwelt. Er hat sich schon so weit vom reinen Artgedächtnis entfernt, daß er in fünfzig von hundert Fällen sogar keine ererbte Orientierung des Sexualinstinkts mehr besitzt, der doch der stärkste aller erbmäßig bestimmten Triebe ist. Beim Menschen findet sich in dieser Hinsicht überhaupt keine Instinktorientierung mehr. Wenn das sexuelle Verlangen auch von selbst erwacht, so muß doch die Orientierung von beiden Geschlechtern erst erlernt werden.

Wie ist es zu diesem tiefgreifenden Wandel im natürlichen Verhalten der Lebewesen gekommen? So viel steht fest, daß ihnen daraus irgendein Vorteil erwachsen sein muß. Das reine Erbgedächtnis bindet ja, wie ich ausgeführt habe, jede Art tyrannisch an eine bestimmte Umgebung, den Pinguin an die See, den Klippspringer[1] an die Berge, den Springbock an die Ebene. Je vollkommener der Instinkt arbeitet, d. h. je feiner eine Art auf ihre Umwelt abgestimmt ist, um so unauflöslicher ist sie auch an sie gekettet. Mit einem solchen Resultat der natürlichen Auslese hat es dann aber auch sein Bewenden. Die Überzeugung oder der Glaube, daß Auslese und Entwicklung in der Natur zu einem idealen Zustand der Vollkommenheit hinstreben, ist kindlich und entspricht nicht der Wirklichkeit. Wo immer eine Tierart in bestimmter Richtung sehr weitgehend spezialisiert ist, werden wir stets finden, daß dieser Vorteil durch einen Verlust in anderer Richtung wettgemacht wird. Es findet immer ein Ausgleich statt,

[1] Eine Horntierart.

und das Ergebnis ist, im ganzen gesehen, keineswegs zunehmende Vollkommenheit. Als der Pinguin seine Flügel gegen »Ruder« austauschte, wurde er dadurch an sich nicht »vollkommener«. Es gibt auch eine Entwicklung zum Ungünstigen hin; der lange Hals der Giraffe beispielsweise ist ihr auf der Flucht sicherlich von Nachteil, und überdies ist er entschieden häßlich. Die Natur ist keine Institution der Barmherzigkeit. Sie ist dem Leben immer feindlich gesinnt; sonst gäbe es nicht die natürliche Auslese im Kampf ums Dasein.
Wenn also auf der einen Seite das Erbgedächtnis das Einzelwesen davon entbindet, durch schmerzhafte Erfahrungen das zweckmäßige Verhalten erst zu erlernen, so ist auf der anderen Seite ebenso klar, daß eine Art, die zu fest an eine bestimmte Umgebung gebunden ist, erhebliche Nachteile davon haben kann. Bei einer plötzlichen Veränderung der Umwelt ist sie unrettbar verloren. Eine Umstellung auf neue Lebensbedingungen ist ihr versagt; denn das Einzelwesen kann keine Erinnerungen erwerben, die es instandsetzen, sich dem Wechsel anzupassen.
In Afrika kommt es häufig vor, daß Tierarten durch solche plötzlichen Veränderungen in ihrer Umwelt aussterben, durch Dürre z. B. oder durch Heuschreckenschwärme oder durch andere, bisher unbekannte Feinde. Da die Natur den Lebewesen offenbar die Mög-

lichkeit hat geben wollen, einen derart plötzlichen Wechsel zu überdauern, so mußte sich die natürliche Auslese bis auf Veränderungen in der Psyche selbst erstrecken. Eine einmalige oder auch eine sich wiederholende körperliche Veränderung hätte nicht genügt; die Seele selbst mußte sich wandeln.
Der erste und wichtigste Schritt in dieser Richtung war das Auslöschen des Erb- und Artgedächtnisses, da es, wie wir sahen, die Anpassung an plötzlich veränderte Umwelten verhindert. Darin ist zweierlei beschlossen: Nicht nur der vorhandene Gedächtnisinhalt, der eine Art in ihrem Verhalten bestimmt, muß schwinden, sondern auch die Möglichkeit, einen neuen Inhalt in der alten starren Form zu vererben, muß aufhören – der Wechsel wäre sonst ohne Erfolg. An Stelle des Artgedächtnisses muß sich eine Gedächtnisform entwikkeln, die das Einzelwesen befähigt, individuelle Erinnerungen zu bewahren. Am Pavian ist der Vorteil eines solchen Wandels deutlich zu sehen, wie jeder, der dieses Tier gründlich beobachtet hat, zugeben wird. Das individuelle Gedächtnis hat den Pavian sozusagen zu einem »Weltbürger« gemacht, der sich jeder Umgebung anpassen kann. Er wird darum in den verschiedensten Gegenden Südafrikas unter sehr voneinander abweichenden äußeren Lebensbedingungen angetroffen – in den fruchtbaren Bergen des Kaplandes, in den

großen Wäldern und Flußtälern im Innern des Landes und in den wasserlosen Wüsten der Kalahari. Überall wo er hinkam, nahm er neue Gewohnheiten an. So ist er z. B. in den südlicheren Bezirken darauf verfallen, Mutterschafe zu fangen und dann zu zerreißen, um die Milch in ihrem Bauch zu trinken; das hat er in Nord-Transvaal noch nicht gelernt. Irgendwo in der Gegend von Waterberg gelingt ihm sogar das Kunststück, hartschalige Früchte auf dem Felsen mit einem Stein aufzuklopfen – die erste Anwendung eines Werkzeuges. Nirgends in der Tierwelt begegnet man Ähnlichem, außer bei den Affen.

Das Ergebnis unserer Untersuchung ist also die klare Einsicht in zwei Tatsachen. Erstens: es besteht eine große Kluft zwischen der Psyche des Pavians und der nächsthöheren Säugetierart, unterhalb der Primaten. Zweitens: die Psyche des Menschen und die des Pavians ist der Qualität nach ganz die gleiche; ein Unterschied besteht hier nur hinsichtlich der Quantität.

Im Falle des Pavians ist sozusagen der Strom der allgemeinen Entwicklung nahe an der Quelle zu erkennen. Im Falle des Menschen zeigt sich derselbe Strom kurz vor seiner Mündung in den Ozean.

Der Mensch ist in der einmal eingeschlagenen Richtung offenbar am weitesten gekommen, denn es ist ihm gelungen, seine Rasse unter den erschwerendsten Umständen zu erhalten. Er hat die ausgedehntesten und ödesten Wüsten bezwungen, die Gobi und die Sahara. Er hat sich auf die höchsten Berge, in die tiefsten Abgründe gewagt. Er hat seine Lebensweise den Tropen wie den vereisten Polen angepaßt. Sein individuelles Gedächtnis hat ihn dazu befähigt.

Noch ein letztes Wort über das individuelle Kausalgedächtnis. Überall, wo es auftritt, ist die ursprüngliche Psyche in ihrem Artgedächtnis nicht völlig vernichtet; sie ist schon noch vorhanden – nur gelähmt durch eine Art Dauerhemmung. Sie kann auf künstliche Weise dazu gebracht werden, wieder in Funktion zu treten. Dies ist, wie ich glaube, die bedeutsamste Entdeckung, die ich während der drei Jahre lang durchgeführten Beobachtung meines wilden Pavians gemacht habe. Für mich besteht seitdem nicht der geringste Zweifel daran, daß die sogenannte unbewußte Psyche des Menschen die alte tierische Psyche in einem Zustand der Lähmung darstellt, die unter abnormen Umständen wieder freiwerden und ernste psychische Störungen mit sich führen kann.

Wir sind in diesem Kapitel weit von unserem ursprünglichen Thema abgeschweift, aber dieser Exkurs war notwendig. Nun können wir mit gutem Gewissen an die Untersuchungen der Gruppenseele unserer Termiten herangehen.

Das zusammengesetzte Tier

Von allen in unserer Einteilung aufgeführten seelischen Typen ist die Gruppenseele die Art, zu der der menschliche Geist am schwersten Zugang findet. Je weiter wir uns von dem Charakter unserer eigenen Seele entfernen, um so mehr geraten wir ins Dunkle und sind in Gefahr, bei unseren Bemühungen um Verständnis in die Irre zu gehen. Und die Gruppenseele steht nun zu der »individuellen« Seele der Primaten in äußerstem Gegensatz.

Andererseits jedoch bietet uns unser eigener Körper in gewissem Sinne das vollkommenste Beispiel einer Gruppenseele. Er besteht aus einer Anzahl von Organen, die – scheinbar selbständig – bei genauerer Prüfung doch erkennen lassen, daß sie nur zu gemeinsamen Zwecken tätig sind und unter einem gemeinsamen alles beherrschenden Einfluß stehen. Es ist das Gehirn, von dem dieser Einfluß ausgeht; mit ihm als ihrem Mittelpunkt sind alle Organe durch sichtbare oder unsichtbare Fäden verknüpft.

Nächst dem in Organe gegliederten Körper eines so hochentwickelten Wesens wie des Menschen, ist der Termitenhügel das beste Beispiel, um das Wirken der Gruppenseele zu veranschaulichen.

Im folgenden muß ich nun die Bereitschaft meiner Leser, der Wahrheit meines Berichtes Glauben zu schenken, auf eine recht harte Probe stellen. Ich will darum ganz langsam vorwärtsgehen und jeden einzelnen Schritt erst sichern, ehe ich den nächsten unternehme. Und ich verspreche, nichts vorzubringen, was nicht experimentell bewiesen werden kann. Sollten die Tatsachen allzu wunderbar und unglaublich anmuten, werde ich die Experimente beschreiben, die ich unternommen habe, damit jeder, der Lust dazu hat, sie wiederholen und, wenn möglich, noch verbessern kann.

Jedem, der einmal Termiten genau beobachtet hat, drängt sich die Frage auf, wie es wohl kommt, daß sie unaufhörlich an der Arbeit sind; wo liegt der Ursprung dieser ruhelosen Emsigkeit? Denn ruhelos ist sie in der Tat. Von allen annähernd ebenso hochentwickelten Geschöpfen ist die Termite das einzige, das augenscheinlich niemals schläft oder sich ausruht. Wie ausdauernd man sie auch beobachten mag, man wird sie niemals im Schlaf oder in Ruhe erleben.

Was ist das Ziel dieser unaufhörlichen Mühe und

Anstrengung? Anderen Tieren hat die Natur mächtige, unwiderstehliche Triebe eingepflanzt, den Sexualtrieb z. B. oder den Elterntrieb, Verteidigungs- und Nahrungstriebe, die ihre Bewegungen lenken. In der einzelnen Termite ist keiner dieser Triebe vorhanden.

Die Antworten auf diese Fragen werden uns das Wesen der Gruppenseele deutlich machen. Um meine Beobachtungen auf diesem Gebiet ganz klar verständlich zusammenzufassen, will ich sie in der Form von Einzelthesen wiedergeben:

1. Alle Bewegungen der Termite werden von einer außerhalb ihrer selbst gelegenen Instanz bestimmt. Die einzelne Termite besitzt keine Spur von freiem Willen oder der Möglichkeit einer eigenen Wahl. Sie hat lediglich die Fähigkeit, sich zu bewegen, aber wann das geschieht und zu welchem Zweck, wird von außen entschieden und kontrolliert. Besondere Umstände mögen die Arbeit einer Termite zur Nutzlosigkeit verurteilen; es gibt auch Fälle, wo jedes andere noch so kleine, aber mit Selbständigkeit begabte Insekt dem ihm drohenden Schicksal ausweichen würde: die Termite muß den ihr vorgeschriebenen Weg fortsetzen, dorthin, wo der unsichtbare Gebieter ihres Schicksals sie zu gehen zwingt.

2. Das Tun und Lassen der Termite wird durch eine von außen auf sie einwirkende Kraft gelenkt; man

könnte es ein Band nennen, mit dem sie unauflöslich an die Zelle der Königin geknüpft ist; denn dieser unsichtbare Einfluß geht allein vom Organismus der Königin aus. Er ist eine Macht – unseren Sinnen nicht faßbar –, die alle materiellen Schranken, selbst Stahl- und Eisenplatten, durchdringt.

3. Entfernung vermindert die Wirkung dieser Kraft; ihre Macht ist an bestimmte Grenzen gebunden.

4. Der körperliche Tod der Königin zerstört ihren Einfluß auf der Stelle. Verletzungen und Wunden, die der Königin beigebracht werden, schwächen ihn im Verhältnis der Größe dieser Verletzungen.

5. Der Termitenhügel ist ein besonderes, zusammengesetztes Tier auf einer bestimmten Entwicklungsstufe; nur die Unmöglichkeit, sich von der Stelle zu bewegen, unterscheidet ihn von anderen Tieren.

6. Die Termite als Art stammt von einem gewöhnlichen geflügelten Einzelinsekt ab; die Entwicklung spezialisierter Typen und ihr Zusammenschluß zu einem Ganzen ist ein spätes Ereignis in der Rassengeschichte der Termite.

7. Der Termitenhügel ist ein Beispiel für den Weg, auf dem zusammengesetzte, hochentwickelte Tiere, wie die Säugetiere, entstanden sind.

8. Der Körper eines Säugetiers mit seinen vielen verschiedenen Organen kann als eine Gemeinschaft spe-

zialisierter Einzelwesen angesehen werden, die zum Organismus vereinigt sind, um das zusammengesetzte Tier zu bilden. Das Gesamttier steht in der Entwicklung in dem Grade höher, in dem die Spezialisierung der Organe fortgeschritten ist.

9. Das Phänomen, daß Gruppen spezialisierter Einzelwesen sich zu verschiedenen Organen eines Gesamttieres entwickeln, kann tatsächlich und gegenwärtig in der Natur beobachtet werden.

Das Resultat eines derartigen Gemeinschaftslebens ist die Gruppenseele – sicherlich eines der staunenerregendsten psychologischen Phänomene, die es gibt, und der stärkste Beweis für die Möglichkeit psychischer Fernwirkung. Darum ist es von großer Wichtigkeit, solch einen Organismus genau zu untersuchen und zu verstehen.

Die besondere Termitenart, an der ich meine Beobachtungen machte, kommt überall in Südafrika vor, und ohne große Schwierigkeiten ist es möglich, die von mir unternommenen Versuche nachzuvollziehen und meine Feststellungen zu überprüfen.

Öffnet man den ersten besten Termitenhügel, so wird es mit allergrößter Wahrscheinlichkeit einer von der Art sein, die ich im Auge habe. In seinem Innern bemerkt man zwei Sorten von Insekten, die in ihrem Aussehen so sehr voneinander abweichen, daß man sie kaum für Abkömmlinge des gleichen Elternpaares halten wird. Die eine Sorte ist ein ganz gewöhnliches Insekt mit starken Kiefern und zwei schwarzen Flecken am Kopf, die wie Augen aussehen. Die andere erscheint unter dem Vergrößerungsglas wie ein kleines nachtmahrähnliches Ungeheuer. Es ist von rötlich-gelber Farbe, aber wenn viele dieser Tiere auf einem Haufen versammelt sind, überwiegt der Eindruck des Roten. Der Körper endet in einem dreieckig geformten, ziemlich plumpen Kopf, der in eine lange schwarze, hornähnliche Nadel oder Spritze ausläuft. Unten am Halse sitzen vier fast ganz zurückgebildete Beine, die zu den übrigen, in gewöhnlicher Weise funktionierenden Beinen hinzukommen. Jene Nadel oder Spritze steht in direkter Verbindung mit einem Hohlraum des Körpers, der mit Flüssigkeit gefüllt ist.

Auch in der kühnsten Phantasie kann man sich nur schwer ein Geschöpf vorstellen, das so vollständig von der Außenwelt abgeschnitten ist. Außer seinen Fühlern ist auch nicht die leiseste Spur eines Sinnesorgans zu entdecken. Auf welche Weise und womit sich das Tier ernährt, ist ein Rätsel. Die einzige Nahrung, die es

---

a) Großer Soldat · b) Großer Arbeiter · c) Arbeiter füttert einen Soldaten (die Soldaten sind blind und können nicht selbständig fressen).

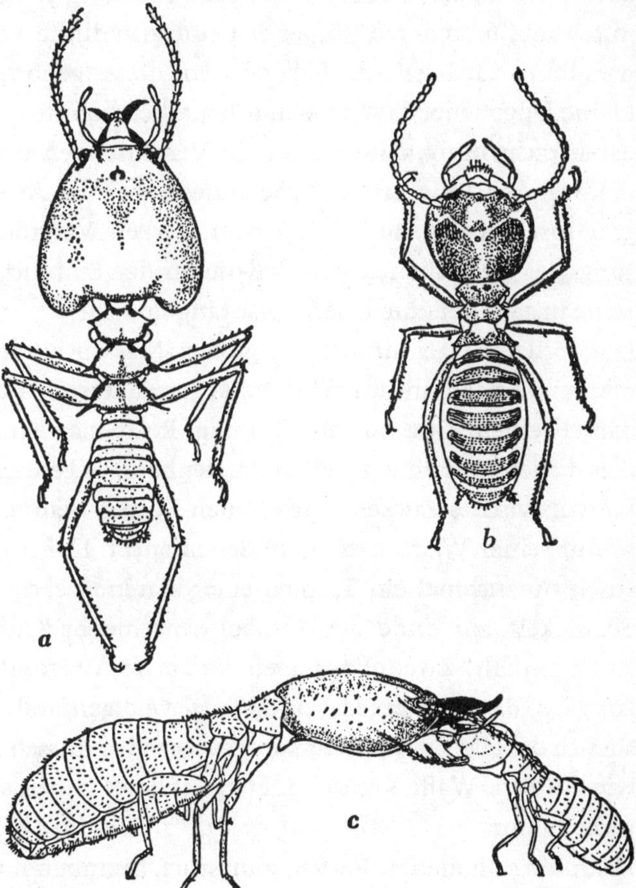
a
b
c

möglicherweise zu sich nehmen könnte, müßte eine dünne Flüssigkeit sein. Die Nahrung der übrigen Termiten müßte in deren Körper erst eine gründliche Verwandlung durchgemacht haben, bevor dieses gehörnte kleine Ungeheuer davon Gebrauch machen könnte.

Es ist nicht nötig, daß wir uns in Vermutungen über die wahrscheinlichen Aufgaben dieser beiden Arten von Insekten ergehen. Mit einem starken Vergrößerungsglas sieht man sofort, daß sie an der Einbruchsstelle in ganz verschiedener Weise tätig sind.

Die Spritzenträger strömen in großen Massen zusammen und bilden mit ihren auswärts gewendeten Nasen schnell einen Ring um die Öffnung. Reizt man eines dieser Tiere mit einem steifen Borstenhaar, so geht ein konvulsivisches Zucken durch seinen Körper, während es mit seiner Waffe nach allen Seiten sticht. Dabei erscheint manchmal ein Tropfen einer klaren, klebrigen Flüssigkeit am Ende der Spritze, der eine beißende Säure enthält. Zweifellos haben die Spritzenträger die Aufgabe, das Nest gegen Feinde zu verteidigen, indem sie sich dabei ebenso auf ihr furchterregendes Aussehen wie auf ihre Waffe verlassen. Etwas anderes haben sie nicht zu tun.

Beschützt von diesem Verteidigungsring, beginnen nun die anderen Termiten in emsiger Arbeit die dem Hügel beigebrachte Wunde zu heilen. Aus der Tiefe des

Baues kommen sie herauf, jede mit einem winzigen Sandkorn oder Erdklümpchen zwischen den Kiefern. Mit Hilfe ähnlicher rudimentärer Beine wie die anderen sie besitzen, drehen sie das Korn schnell rundherum, um es – wie man unter dem Vergrößerungsglas erkennen kann – mit einer ebenfalls klebrigen Flüssigkeit zu überziehen und es dann an irgendeiner Stelle der Verletzung zu befestigen, so daß es nicht herabgleiten kann. Man bekommt klebrige Finger, wenn man es berührt, als hätte man in Sirup gefaßt. Die Flüssigkeit verdunstet sehr schnell, und das Klebrige verschwindet dann.

Eine meiner eben aufgestellten Thesen lautete, der Termitenhügel sei ein selbständiges und vollkommenes Tier, dem nur das Vermögen der örtlichen Fortbewegung fehlt. Die Beweise dafür werde ich nach und nach erbringen; meine Darstellung wird zugleich Beginn und Entwicklung der Gruppenseele klarmachen.

Bisher habe ich gezeigt, was in einem verwundeten Termitenhügel vor sich geht. Nun wollen wir unsere Aufmerksamkeit für einen Augenblick einem höher entwickelten zusammengesetzten Organismus zuwenden, ehe wir zu dem Termitenhügel zurückkehren.

Betrachten wir einmal den menschlichen Körper, überlegen wir uns in groben Zügen, wie er aufgebaut ist und wie er funktioniert. Die winzigen Bausteine, aus denen er besteht, sind Millionen von Zellen. Sie werden ständig von einer Flüssigkeit durchströmt, die wir Blut nennen. Diese Flüssigkeit setzt sich in der Hauptsache aus zwei verschieden gearteten Organismen zusammen, den roten und weißen Blutkörperchen, von denen jedes eine lebendige Zelle ist, mit eigenem Leben (= Seele). Diese Körperchen bauen den lebendigen Leib auf, heilen Wunden und verteidigen ihn gegen eindringende schädliche Keime.

Die von außen den Organismus angreifenden Mikroben werden an Wundstellen oder an den natürlichen Körperöffnungen von den Blutkörperchen angegriffen und aufgefressen, oder – wenn sie dem entgehen und in den Körper eindringen – in den Zellen bekämpft. An jeder Wundstelle strömen die weißen Blutkörperchen zusammen. Sobald ein Krankheitskeim eindringt, entsteht eine regelrechte Leukozytose, d. h. eine Vermehrung dieser weißen Korpuskeln findet statt.

Beides, Wachstum und Heilung, vollzieht sich von innen nach außen. Der ganze Körper ist mit der Epidermis oder Haut bedeckt, einer zähen, undurchdringlichen Decke, die Licht und Luft ausschließt. Die Blutkörperchen fürchten sich vor Licht und Luft. Das Wachstum des Körpers ist viel wunderbarer und geheimnisvoller, als es wir uns im allgemeinen klarmachen. Wir sind nur zu sehr geneigt, jedes uns vertraute Naturphänomen als selbstverständlich hinzunehmen, als bedürfe es keiner weiteren Erklärung. Aber betrachten wir nur einmal das Wachstum des Körpers unter dem Gesichtspunkt seines Verhältnisses zur Haut! Wie ich schon sagte: Wachstum geht immer von innen nach außen vor sich. Wir erleben jedoch nie, daß ein Stück Haut sich entfernte, dann ein Stück vom Organismus aufgebaut würde und zuletzt eine neue Haut über der Wunde wüchse. Das Wachstum geschieht immer unter der Haut. Man könnte doch mit Recht erwarten, daß entweder die Haut sich ausdehnte oder daß sich ein Stück Körper über der alten Haut ergänzte und mit neuer Haut überzöge, so daß man bei einem Schnitt in den Körper Lagen der alten Haut finden würde. Aber keines von beidem trifft zu. Nun, wird man sagen, die Haut wächst eben in derselben Weise wie die inneren Teile des Organismus. Ja, so etwas läßt sich leicht behaupten; beweisen läßt es sich nicht. Wir wissen, daß jedes Wachstum durch die Blutkörperchen bedingt ist; ebenso wissen wir, daß diese Körperchen nie mit der Epidermis oder äußeren Haut in Berührung kommen. Wie aber diese äußere Haut im richtigen Verhältnis zu dem Inneren wachsen kann, können wir nicht erklären.

Nun besteht der menschliche Leib auch aus verschiedenen Organen, die unabhängig voneinander ihre Tä-

tigkeit ausüben. Nach meiner Auffassung ist jedes dieser Organe ein besonderes Tier mit einer besonderen Seele. Nur bei einem Organ verhält es sich anders: beim Gehirn, dem Sitz der Gruppenseele, die den Mittelpunkt für die Gemeinschaft aller übrigen Organe bildet und den Körper erst zu einem Ganzen macht.
Aus all dem wird deutlich, daß Seele und Leben identisch sind und daß jede Definition für die Seele auch für das Leben gelten kann und umgekehrt. Jedenfalls habe ich nie einen Vorgang bemerkt, der bewiesen hätte, daß Seele und Leben etwas Verschiedenes sind; sie sind im Grunde ein und dasselbe. Der einzige Unterschied liegt in den zwei Namen, die man ein und demselben Etwas gegeben hat.
Eine kleine Verletzung, die dem Zentrum des Organismus, dem Gehirn, zugefügt wird, kann genügen, um den sofortigen Tod des ganzen Körpers zu verursachen. Wachstum und Leben des Leibes kann nur mit Hilfe der roten und weißen Blutkörperchen vor sich gehen. Die Nahrung wird durch eine Öffnung, den Mund, aufgenommen und, nachdem sie durch gewisse Organe verwandelt, »verdaut« worden ist, von den Blutkörperchen verarbeitet. Neunzig Prozent dieser Nahrungsstoffe werden von ihnen zu den verschiedenen Teilen des Körpers gebracht und dazu verwandt, die Zellen der Muskeln, Sehnen und Knochen aufzubauen. Ein

Teil der Nahrung besteht aus unassimilierbaren Stoffen, die aber zunächst mit aufgenommen werden müssen, weil sie eng mit den nutzbaren verbunden sind. Erst die Blutkörperchen trennen in ihrem eigenen Organismus das Assimilierbare von dem Unassimilierbaren, worauf das Überflüssige vom Körper ausgestoßen wird.

Eine kleine Verletzung des Gehirns kann genügen, sagte ich, um den Tod des ganzen Körpers zu veranlassen. Wir wollen nun einmal jenen eigentümlichen und geheimnisvollen Vorgang, den wir Tod nennen, betrachten.

Wir wissen, daß ein lebendiger Organismus zehn Tage und mehr im Wasser bleiben kann, ohne daß sich seine Haut auflöst. Leute, die durch den Kanal geschwommen sind, blieben 24 Stunden im Wasser, und ihre Haut erlitt dadurch nicht den geringsten Schaden. Wasser ist nicht imstande, irgendeinen Teil der lebendigen Haut wegzuwaschen; die Haut eines lebenden Menschen ist darin ebenso unlöslich wie Gummi. Der lebendige Leib ist elastisch und gegen Stöße durch stumpfe Gegenstände widerstandsfähig. Halten wir also diese beiden charakteristischen Eigentümlichkeiten fest:

1. die Unauflöslichkeit der Haut,
2. die allgemeine Widerstandskraft und Elastizität des Körpers.

Die Veränderung, die in dieser Hinsicht durch den Tod herbeigeführt wird, ist erstaunlich. Wer jemals einen ertrunkenen Menschen gesehen hat, nachdem er ein paar Stunden im Wasser gelegen hatte, wird sich der grauenhaften Verwandlung, die mit ihm vorgegangen war, erinnern. Wodurch wurde sie verursacht? Sobald das Leben entwichen ist, wird die Epidermis mehr und mehr in Wasser lösbar, und der ganze Körper verliert seine Elastizität und Widerstandskraft, bis zuletzt sogar ein Kind ihn mit einem stumpfen Gegenstand durchstoßen könnte. Kurz: jeder Körperteil wird schwammig und gerät in Zerfall. Der Physiologe drückt das komplizierter und differenzierter aus, aber die Sache bleibt dabei dieselbe. Es heißt, sobald der Tod eingetreten ist, lösen sich die zusammengesetzten Organe in ihre Bestandteile auf. Mikroben finden sich ein und beschleunigen den Prozeß. Aber auch durch eine derartige Erklärung wird der Vorgang nicht besser verständlich, und zwar aus folgendem Grunde:

Der Körper besteht in der Hauptsache aus toter Materie. Die Zellwände und die äußere Haut werden aus gewöhnlichen toten Stoffen, d. h. aus chemischen Substanzen aufgebaut. Auf welche Weise gelingt es nun den Blutkörperchen, die Löslichkeit der Haut zu verhindern und die Elastizität sowie den ganzen Aufbau des Körpers zu erhalten? Man weiß es nicht. Die bloße

An- und Abwesenheit der Blutkörperchen bewirkt diesen ungeheuren Unterschied, ähnlich wie gewisse chemische Elemente nur durch ihr Hinzutreten zu anderen deren chemischen Charakter verändern können. In diesem rätselhaften, unerklärlichen Einfluß besteht das Geheimnis des Lebens. In der kleinsten lebendigen Zelle, die so ein Blutkörperchen darstellt, ist ein Etwas enthalten, das es nicht nur befähigt, sich selbst zu bewegen, sondern ihm auch die Macht gibt, das Material der Zellen zusammenzuhalten. Entgegenstrebende Naturkräfte sind ständig am Werk, die Zelle zu zerstören; sie werden von den Kräften des Lebens bezwungen. Der Kampf ums Dasein, der hier schon beginnt, ist ein Kampf zwischen Seele und Materie.

Dazu gehört auch die seltsame »Fernwirkung«, die von den Drüsen mit innerer Sekretion ausgeht. Ihr Einfluß reicht bis in die entlegensten Stellen des Körpers, ohne daß sie dabei mit ihnen unmittelbar in Verbindung zu treten brauchten. Die Nebenniere z. B. produziert eine Substanz, das Adrenalin, die unter anderem den Blutdruck regelt.

Nach dieser kleinen biologischen Vorlesung können wir nun zu unserem Termitenhügel zurückkehren, um ihn im Licht der neuen Erkenntnis noch einmal zu betrachten.

Es mag auf den ersten Blick seltsam erscheinen, wenn

ich, wie ich es vorhin tat, den Termitenhügel, einen Haufen toter Erde, einem lebenden Tier gleichstelle. Aber der Termitenhügel ist ebensowenig »tot« wie der Stoff der Zellwände, die neun Zehntel unseres eigenen Körpers ausmachen; oder wir selbst sind nichts anderes als tote Termitenhügel, durch welche eine lebendige Substanz zirkuliert.

Zerstört man einen Termitenhügel, so fällt einem die Ähnlichkeit zwischen beiden unweigerlich auf. Als erstes findet man die zähe, widerstandsfähige Haut, die ihn von außen umgibt. Darunter sieht man das Gewebe der Zellen, durch die ein lebendiger Strom sich ständig bewegt. Dringt man weiter ein, so stößt man auf größere Gänge und dann und wann auf eine Höhlung, die sich von den übrigen Zellen unterscheidet. Sie besteht nicht aus Erde und ist von innen und außen mit einer Art Pilz überzogen, wie er in Südafrika oft zum Herstellen der Hefe gebraucht wird. Ganz auf dem Grunde entdeckt man einen Gang, der in eine unglaubliche Tiefe hinabführt. Durch diesen Kanal gewinnen die Termiten ihren Wasservorrat, denn sie treiben ihn so weit vor, bis sie auf Grundwasser stoßen. Auf der Farm Rietfontein in Waterberg verfolgte ich einmal in einem Termitenhügel, der in der Nachbarschaft einer Erzgrube auf felsenhartem Boden errichtet war, solch einen Gang bis in die Tiefe von zwanzig

Metern. Die Termiten brauchen viel Feuchtigkeit; mehr als 90 Prozent ihrer winzigen Körper bestehen aus Wasser, und das Innere eines Termitenhügels ist immer dumpfig und mit Wasserdampf gefüllt. Wie sie es fertigbringen, in unseren trockenen Gegenden diese Mengen an Feuchtigkeit zu gewinnen, wäre unerklärlich geblieben, wenn man nicht eines Tages solch einen in die Tiefe führenden Gang entdeckt hätte.

Das mag zunächst als Parallele zum menschlichen Körper genügen. Auf die einzelnen Organe dieses zusammengesetzten Termitenwesens werde ich später von Fall zu Fall zurückkommen.

Leben, Tod und Krankheit eines Termitenhügels

Im vorigen Kapitel habe ich auf gewisse Wirkungen hingewiesen, die der Tod auf den menschlichen Körper ausübt. Man kann sie allgemein wie folgt charakterisieren: die chemische Zusammensetzung der Zellwände eines organischen Körpers ist sehr wenig dauerhaft; fortwährend besteht die Gefahr der Zersetzung in einfachere Bestandteile, und am Ende geht der organische Stoff als solcher zugrunde. Der Zusammenhalt der Einzelbestandteile wird durch die bloße Gegenwart einer lebendigen, beweglichen Substanz in der Nachbarschaft der Zellwände bewirkt. Für meinen besonderen Zweck des Vergleichs mit einem Termitenhügel hob ich die allgemein bekannte Erscheinung hervor, daß die menschliche Haut nach dem Tode in Wasser leicht löslich wird. Solange der Mensch am Leben ist, erhalten die lebendigen Elemente im Blutstrom die Haut gesund

und heilen ihre Wunden, ohne daß sie doch mit der äußeren Haut in Berührung kommen; ihre bloße Anwesenheit in der Nachbarschaft genügt, um den Zusammenhalt der Bestandteile zu bewirken. Mit anderen Worten: die Gegenwart dieser lebendigen Elemente schützt die Haut gegen die immer bestehende Tendenz zur Auflösung. Das ist die erste Funktion dessen, was wir Leben oder Seele nennen.

Beim Termitenhügel ist es nun nicht anders; man kann immer, auch bei oberflächlicher Prüfung, sogleich erkennen, ob er lebendig oder tot ist. Der Prozeß der Auflösung ist dem, was im menschlichen Körper nach dem Tode geschieht, nicht nur ähnlich, sondern es ist derselbe Vorgang. Wir stehen vor derselben Erscheinung offenkundiger Leblosigkeit. Auch eine Geruchsveränderung tritt ein (obwohl natürlich den Termiten an sich ein anderer Geruch eigen ist), bewirkt durch dieselben Ursachen, nämlich die Zersetzung chemischer Stoffe. Die Haut verliert ihre Zähigkeit und Widerstandskraft. Das Zellengefüge zerfällt; nur Staub und Asche bleiben übrig.

Die Übereinstimmung wird noch überzeugender, wenn wir nun die Einzelheiten betrachten. Da ist die Haut. Die äußersten Lagen eines alten Termitenhügels sind in trockenen Zeiten dicht und undurchdringlich, hart wie Zement; nach langem Regen werden sie immer weicher, ebenso wie die menschliche Haut sich erweicht, wenn sie lange dem Wasser ausgesetzt ist. Der lebendige Strom der Termiten kommt nie mit der äußeren Haut in Berührung; entstandene Schäden werden von innen ausgebessert. Zwar sieht man bisweilen auch außen Spuren der Erneuerung, aber das hat dann seine besonderen Gründe. Normalerweise wird man niemals bemerken, daß die Termiten irgend etwas tun, um die Haut in guter Verfassung zu erhalten, obwohl ein alter Termitenhügel doch Jahr um Jahr den Unbilden der Witterung ausgesetzt ist. Regengüsse und Dürre, sengende Hitze, Frost, Hagel und Sturm können ihm nichts anhaben; die Haut bleibt unversehrt. Kommt es aber doch einmal zu einer wirklichen Verwundung, wie sie wohl einmal durch Hagel entstehen kann, setzt der Heilungsprozeß ein, indem die weiter vorne schon beschriebenen kleinen Geschöpfe in Tätigkeit treten; sie bilden den Blutstrom eines Termitenhügels mit seinen zwei Arten von Blutkörperchen bzw. Termiten. Dies ist der allgemeine Verlauf, Ausnahmen gibt es natürlich auch hier. So kommen z. B. abnorme Formen des Wachstums vor; aber das sind dann richtige Krankheiten, die für den ganzen Bau eine Gefahr bedeuten. Die Termiten benehmen sich in solchen Fällen genauso töricht wie der Strom der Blutkörperchen im erkrankten menschlichen Körper. Manchmal kann man die

Ursache dafür finden. Kennt man sie, ist es sogar möglich, abnormes Wachstum künstlich hervorzurufen.
Lassen Sie mich einige Beispiele nennen. Bringt man dem runden Bau der Eutermes[1], später Trinervitermes genannt, eine Wunde bei, ein rundes senkrechtes Loch, z. B. mit einem Spazierstock, und isoliert es dann durch einen scharfen, kreisrunden Schnitt, so werden sich die Termiten auf gewöhnliche Weise daranmachen, den Schaden zu beheben. Bisweilen kann es aber vorkommen, daß sie ganz annormal zu bauen anfangen. Anstatt die zerstörten Zellen und Gänge auszubessern, errichten sie einen Turm über dem Loch. Anscheinend gibt das eindringende Sonnenlicht dazu den Antrieb. Die Basis des Turmes ist oft zu schmal, um den Oberbau tragen zu können, so daß der Turm zusammenstürzt, sobald er eine gewisse Höhe erreicht hat; doch immer wieder wird er von neuem begonnen, obwohl er nicht nur überflüssig ist, sondern wirklichen Schaden verursachen kann.
Ein störender Einfluß bringt also den normalen Ablauf der Lebensvorgänge in Unordnung; man könnte das mit dem Entstehen einer Krebsgeschwulst im menschlichen Körper vergleichen. Aber auch anderswo in der Natur lassen sich ähnliche Vorgänge beobachten.

[1] Lateinische Bezeichnung einer Termitenart.

So kann man z. B. ein paar gewöhnliche Hauseidechsen fangen und zähmen. Macht man dann mit einer Lanzette zwei oder drei Längsschnitte in ihren Schwanz, so wird man damit bisweilen eine sehr seltsame Wirkung erzielen. Anstatt daß die Wunde heilt, wächst der Eidechse ein neuer Schwanz. Amputiert man ihn, so wächst ein doppelter Schwanz aus der Wunde hervor. Auf diese Weise ist es mit etwas Glück möglich, eine Eidechse mit sieben Schwänzen zu fabrizieren – oder auch einen Termitenhügel mit sieben Türmen.

Worin besteht nun der weitere Unterschied zwischen der Haut eines toten und derjenigen eines lebendigen Termitenhügels? Was hält die äußeren Lagen heil und gesund, solange sich der lebendige Strom im Innern bewegt, und was läßt sie zusammenfallen, wenn die Termiten sterben? Will man mit der heutigen wissenschaftlichen Erkenntnis in Übereinstimmung bleiben, so scheint es da nur eine Auffassung zu geben: von dem lebendigen Strom im Innern muß auf die chemische Beschaffenheit des Baumaterials organischer Körper ein bestimmter Einfluß ausgehen, der sowohl im Termitenhügel als auch im menschlichen Körper wirksam ist.

Im Vorhergehenden habe ich zu beweisen versucht, daß der Termitenhügel nicht ein toter Haufen Erde ist, sondern daß er als ein besonderes Tier auf einer bestimmten Entwicklungsstufe angesehen werden muß. Diese Einsicht ist höchst wichtig und notwendig, wenn man auch nur einen schwachen Schimmer von der Gruppenseele und ihren charakteristischen Eigenschaften bekommen möchte. Damit wir ganz klar sehen, wollen wir die Ähnlichkeiten zwischen unserem eigenen Körper und dem Termitenhügel noch einmal aufzählen:

1. Wir sahen, daß in beiden eine geheimnisvolle Macht wirksam ist, die den Aufbau des Ganzen heil und widerstandsfähig erhält.

2. Beide, der menschliche Körper und der Termitenhügel, bestehen aus einem Gefüge von Zellen und sind in ihrer Gesamtheit von einer festen Haut bedeckt. Ein Marsbewohner, der genügend auf unserer Erde Bescheid wüßte, um organische und unorganische Stoffe voneinander unterscheiden zu können, würde keinen Augenblick zögern, ein Stück Termitenhügel den organischen Stoffen zuzurechnen. Der einzige Unterschied würde für ihn darin bestehen, daß er die Zellenstruktur des menschlichen Körpers nur mit dem Mikroskop, die des Termitenhügels aber mit dem bloßen Auge wahrnehmen könnte.

3. Unter der Haut bewegt sich ein lebendiger Strom durch die Zellen, der aus zwei Arten von Organismen besteht, die im Körper des Menschen und im Termiten-

bau dieselbe Aufgabe erfüllen. Die weißen Blutkörperchen bilden bei jeder Verletzung sofort einen Verteidigungsring um die Wunde; sie haben nur den einen Zweck, das Eindringen fremder, feindlicher Organismen zu verhindern. Die anderen, die roten Blutkörperchen, sind bemüht, den Schaden zu heilen. Aus dem Innern des Körpers holen sie das Material für neue Zellen herbei, die gegebenenfalls mit neuer Haut überzogen werden.

Bringt man dem Termitenhügel eine Wunde bei, so wird dieser Strom auch bei ihm sofort sichtbar. Die roten Spritzenträger bilden den Verteidigungskreis um die Wunde. Auch sie haben nur die eine Aufgabe – durch ihr furchterregendes Äußeres und ihre tätige Abwehr –, das Eindringen von Feinden zu verhindern. Zu diesem Zweck scheiden sie eine klare, klebrige, beißende Säure aus. Die anderen Termiten machen sich sofort an das Heilungswerk. Sie bringen das Material für neue Zellen aus dem Innern herbei, die auch hier gegebenenfalls eine neue Haut erhalten.

4. Der menschliche Körper nimmt durch eine Öffnung, den Mund, seine Nahrung auf. Sie wird zu bestimmten Organen geleitet, macht eine chemische Veränderung durch, geht dann in den Blutstrom ein und wird von den roten Blutkörperchen zum Aufbau des Organismus verwendet.

Der Termitenhügel nimmt die Nahrung durch mehrere Öffnungen auf; sie wird zuerst auf eine rohe Weise »gekaut«, darauf zu verschiedenen Plätzen gebracht und chemisch verändert, um dann in den lebendigen Strom einzugehen, d. h. sie wird Nahrung im engeren Sinne für das Termitenvolk und bildet zugleich eine Art Mörtel für den Aufbau des Ganzen. Mit dem Vergrößerungsglas kann man deutlich sehen, wie die Termiten jedes kleinste Körnchen Baumaterial mit einem Tropfen Flüssigkeit aus ihrem eigenen Körper bedecken; diese Flüssigkeit hält das Ganze zusammen. Hier möchte ich einen Augenblick abschweifen, um normales und anormales Wachstum noch unter einem anderen Gesichtspunkt zu betrachten.

Körperliches Wachstum – an sich ein wunderbarer und unerklärlicher Vorgang – ist das vollkommenste Beispiel für die Psyche mit Erbgedächtnis. Wir Menschen benutzen unwillkürlich unser Bewußtsein als Maßstab unserer Orientierung, aber bisweilen spüren wir, wie wenig wir damit psychologischen Vorgängen gerecht werden, die sich sehr weit von bewußtem Handeln entfernen. So werden wir oft durch die verblüffenden Wirkungen des Unterbewußtseins in Erstaunen versetzt. Aber diese Erscheinungen verlieren etwas von ihrem verwirrenden Charakter, sobald wir entdecken, daß das Unbewußte nichts anderes ist als die zurückgebildete tierische Psyche, die noch heute im Menschen gegenwärtig ist.

Ebenso staunen wir über das eigene körperliche Wachstum; die Psyche, die menschliches Wachstum bewirkt, erscheint uns als etwas völlig Unbegreifliches, das weit jenseits unseres geistigen Fassungsvermögens liegt. Wir glauben, die im Wachstumsprozeß wirksame Macht tue Wunder, die wir niemals vollbringen könnten, und verfolge Zwecke, die weit jenseits unseres Verständnisses liegen. Dann aber erkennen wir, daß die Psyche, die das körperliche Wachstum lenkt, in mancher Hinsicht viel dümmer und unwissender ist als die Seele eines Kindes. Sogar die Straßenbau-Ameise, die, wie wir vor kurzem gesehen haben, Jahre braucht, um zu lernen, daß zweimal zwei immer vier ergibt, ist ein Genie im Vergleich mit der Wachstumsseele. Die Seele des körperlichen Wachstums steht – wenn wir die Fähigkeit, »aus Erfahrung zu lernen«, zum Maßstab nehmen – auf der untersten Stufe. Nähme man gar die Fähigkeit, »Schlüsse zu ziehen«, zum Maßstab, so müßte man eigentlich eine neue Einordnung suchen, denn in dieser Beziehung steht sie noch tiefer.

Natürlich – wenn man sich vergegenwärtigt, daß dieselbe Psyche, die niemals lernen wird, daß zweimal zwei vier ergibt, es dennoch fertigbringt, mit einer einzigen Zelle beginnend einen Elefanten, einen Menschen, eine riesige Eiche aufzubauen, so gerät man doch wieder in Erstaunen. Man mißt hier eben mit zweierlei Maßstäben.

Würde man aber einmal entdecken, daß in jedem Elefanten, jedem Menschen, in jeder Eiche Teile in einer höchst törichten Weise falsch ausgebildet sind; begegnete man z. B. einem Elefanten mit fünf Beinen, mit mißgestalteten Kiefern, mit regelmäßig gebauter, aber abnormer Zellstruktur, die dem ganzen Körper gefährlich wird; beobachtete man dann, daß die Natur an solchen Mißbildungen eigensinnig festhält, obwohl sie dauernd infolge ihrer Unzweckmäßigkeit wieder zerstört werden – wie der kleine Turm, den die Termiten zuweilen bauen –, dann würde man wohl zu dem Schluß kommen, daß man die verschiedenen Arten der Psyche nicht nach ein und demselben System einordnen kann.

Wer diesen Überlegungen nachgeht, der wird noch zu einer anderen wichtigen Erkenntnis gelangen. Jeder Psychologe, der die Gruppenseele studiert, sucht eine Antwort auf folgende Frage: Gibt es vielleicht auch eine Art Gruppenseele, die über und jenseits der Natur steht, die alle Naturerscheinungen beherrscht und alle Vorgänge einem gemeinsamen Ziele zuführt? Es erscheint hoffnungslos, in der Natur selbst eine Antwort auf diese Frage zu finden. Jeder ehrliche Forscher, der nicht durch seine eigenen Hoffnungen und Wünsche irregeleitet wird, muß im tiefsten daran zweifeln, ob es ihm jemals gelingen kann, durch seine Bemühungen in dieser Richtung zu einem wahrheitsgemäßen Ergebnis zu gelangen. Es ist sehr gut möglich, daß wir immer nur einen kleinen Teil eines unermeßlich großen Kreises gewahren, und daß die Mittel und Wege einer universalen Seele weit jenseits unseres menschlichen Verstehens liegen. Oft hat man gesagt, der Zweck des Lebens sei natürliche Entwicklung, und man hielt es für selbstverständlich, daß sie zur absoluten – nicht relativen – Vollkommenheit führe. Aber das ist nicht wahr; alles, was die Entwicklung vollbringt, läuft darauf hinaus, die einzelne Art zum Widerstand gegen ihre Feinde in einer ganz bestimmten Umgebung bestmöglich auszurüsten. Doch für jede neue Waffe, die sie erhält, muß sie eine alte aus der Hand geben. Der Mensch mit seiner am weitesten entwickelten Seele hat auch den höchsten Preis dafür bezahlen müssen.

Wir haben gesehen, daß die Psyche, die das Wachstum bestimmt, nicht die geringste Spur von Lernfähigkeit besitzt, weder durch Erfahrung noch durch Schlußfolgerung noch durch Intelligenz, wie wir es nennen. Nehmen wir unsere eigenen tiefsten Gefühle zum

Maßstab, so sind wir bei einem Blick in die Natur bestürzt, denn wir suchen dort vergeblich nach Liebe, Sympathie, Mitleid, Gerechtigkeit, Altruismus, Schutz des Unschuldigen und Schwachen. Aus den frühesten Anfängen des Lebens klingt uns der Schrei der Angst entgegen. Schmerz ist eine Grundbedingung jeder Existenz; dem Schmerz zu entgehen der Zweck allen Strebens.

Und die Natur? Mitleidlose Grausamkeit, Qual und Zerstörung des Schwachen und Unschuldigen. Der Dieb, der Mörder, der blutdürstige Räuber sind die Favoriten; sie triumphieren im Kampf ums Dasein.

Die Seele aber, die wir, schwach und kaum erkennbar, in den Säugetieren ahnen, deren höchsten Gipfel wir im Menschen entdecken, scheint eine Ausnahme in der Natur zu sein. So erwacht die Hoffnung, es möchte irgendein Sinn im Wesen der Natur verborgen sein, es gäbe ein leitendes Prinzip, das Ähnlichkeit mit unserer Seele aufweist, das nur unendlich viel entwickelter ist als die Seele der Primaten. Aber wenn es so wäre – ein Beweis ist dafür nirgends in der Natur zu finden –, so könnten wir eine solche Seele ebensowenig verstehen, wie die Termite den Menschen versteht, der seine persönlichen Ziele im Leben verfolgt.

Wenn die Natur eine universale Seele besitzt, dann liegt sie weit jenseits der uns vertrauten Gefühlsskala der menschlichen Psyche. Wir dürfen sie nicht mit unserem Maßstab messen. Sicherlich hat sie niemals Tränen des Mitleids vergossen, noch eine schützende Hand über ihre Geschöpfe gehalten, und seien sie noch so lieblich und unschuldsvoll.

Mit den in diesem Kapitel erbrachten Beweisen für die Ähnlichkeit zwischen einem Termitenhügel und anderen Tieren will ich es genug sein lassen. Wer sich einmal mit dieser Theorie befaßt hat, der wird sich beim weiteren Studium der Termiten immer wieder neu bestätigt finden. Auf jeden Fall sollte man sich darüber im klaren sein, daß diese Insekten den Blutstrom und die Organe eines Gesamttieres darstellen.

Wie ein zusammengesetztes Tier entsteht

Wenn nun hochentwickelte, weitgehend spezialisierte Tiere sich aus Einzelwesen entwickelt haben, so wie ich es weiter vorne zu erklären versuchte, so drängt sich die Frage auf, ob man nicht auch auf einer niedrigeren Stufe des organischen Lebens Beispiele für eine derartige »Symbiose«, die mehr ist als eine bloße »Genossenschaft«, finden könnte. Und die gibt es in der Tat. Das berechtigt uns zu der Annahme, daß Organismen verschiedenster Art aus einer Verschmelzung von Einzelwesen entstehen können. Da ist z. B. die Vereinigung von gewissen Pilzen und Algen zu Flechten zu erwähnen, wobei dann die Flechte sich gänzlich von den beiden Partnern, aus denen sie hervorgegangen ist, unterscheidet. Aber wir können den Vorgang und sein Ergebnis noch sehr viel klarer erkennen, wenn wir ihn auf einer etwas höheren Stufe im Tierreich betrachten.

Rund um die afrikanische Küste herum findet man im Meer Hunderte verschiedener Arten von gewissen Seetieren, die mit ihrem zoologischen Namen Hydromeduse[1] heißen, eine verwandte Art trägt den Namen Siphonophore. Wir wollen uns mit der letzteren beschäftigen. Es gibt kein zweites Meerestier, das sich einer so reichhaltigen Literatur rühmen kann. Ernst Häckel und andere berühmte Naturwissenschaftler haben Jahre damit zugebracht, sie zu studieren, zu beschreiben und zu klassifizieren.

Die Eigentümlichkeit dieser Geschöpfe liegt darin, daß sich jedes ausgewachsene Tier aus Hunderten von Einzeltieren zusammensetzt. Das Einzeltier entsteht durch einen Knospungsprozeß, der sich in der Fortpflanzungsgruppe des Gesamttieres vollzieht. Diese neugeborenen Wesen schwimmen dann frei herum und sind fähig, ihr Einzelleben weiterzuführen und sich fortzupflanzen. Jedes ist ein vollständiges Seetier mit Mund, Magen, Schwimmwerkzeugen und Geschlechtsorganen. Wenn aber solche Siphonophoren zufällig zusammentreffen, heften sie sich aneinander. In einigen Arten findet dann sofort eine organische Vereinigung statt; in anderen ist die Verschmelzung weniger innig. Abgesehen von diesem geringen Unterschied ist aber das Ergebnis dasselbe. Unmittelbar nach dem Zusammen-

[1] Quallenart.

treffen geht mit den Einzelwesen eine merkwürdige Veränderung vor sich. Sie schließen sich zu verschiedenen Gruppen zusammen. Eine Gruppe bildet einen komplizierten Schwimmapparat aus; eine andere entwickelt sich zu einem Magen und zu Verdauungsorganen; wieder eine andere wächst sich zu Geschlechtsorganen des Gesamttieres aus. Sogar die Funktion einer Leber wird von einer solchen Gruppe übernommen.
Die zu einer Gruppe vereinigten Einzelwesen verlieren ihre eigenen besonderen Organe. Die zur Magengruppe gehörenden z. B. vergessen vollkommen, daß sie sich einmal selbständig ernährt haben und ein eigenes geschlechtliches Leben hatten. Der neue Gesamtorganismus ist ein vollkommenes ganzes Tier. Wer es in vollendetem Zustand sieht, dem wird es nicht im Traum einfallen, zu meinen, es sei aus verschiedenen Einzelwesen entstanden. Man kann es aber wieder auseinanderbrechen und jedes einzelne Gliedtier aus dem Ganzen herauslösen. Man sollte meinen, dann müßte der Tod eintreten, aber weit gefehlt! Jeder kleine Teil fängt an, wieder munter im Wasser umherzuschwimmen. Langsam bilden sich seine Eigenorgane wieder heraus, bis es zuletzt von neuem ein vollkommenes Einzelwesen ist, so verschieden von einer zusammengesetzten Siphonophore wie ein Kamel von einem Walfisch.

Diesen Prozeß kann man unzählige Male wiederholen, ohne daß dem Einzelwesen oder dem zusammengesetzten Geschöpf dadurch ein sichtbarer Schaden zugefügt würde.

Auf ebensolche Weise hat sich unser Termitenhügel gebildet; d. h. die Einzelwesen haben merkwürdige Veränderungen durchgemacht, um Gruppenorgane zu werden. In jedem Termitenhügel gibt es ein Gehirn, einen Magen, eine Leber und Geschlechtsorgane, welche die Fortpflanzung der Art sicherstellen. Alle haben sie Beine und Arme, um Nahrung herbeizuschaffen; sie haben auch einen Mund. Sollte die natürliche Auslese noch weiter fortschreiten, so können wir es erleben, daß der Termitenhügel sich einmal in Bewegung setzt und langsam über das Veld dahinwandert.

In der Natur gibt es Hunderte von Tatsachen biologischer und psychologischer Art, die beweisen, daß alle hochentwickelten Tiere sich aus Einzelorganismen entwickelt haben. Früher habe ich alle diese Tatsachen gesammelt und geordnet, in der Hoffnung, damit die wissenschaftliche Welt eines Tages in Erstaunen zu setzen. Leider stürzte mein Turm zusammen, aber nicht, weil er falsch gebaut worden war, sondern weil andere Naturwissenschaftler all das auch schon bemerkt hatten.

Claude Bernard in seiner Eröffnungsrede der französischen Akademie (1869), Dr. Durand de Gros in seinem Buch »Electrodynamique Vitale« (1855) und in »Variétés Philosophiques« (1857) versuchten zu zeigen, daß die Organe des Menschen einzelne Tiere seien. Und kürzlich erst schrieb Jean Finot in seiner recht optimistischen Abhandlung über Leben und Tod: »Die Lehre, daß der menschliche Organismus aus einzelnen Tieren zusammengesetzt ist, von denen jedes ein eigenes Nervensystem besitzt, wird, wie wir hoffen, in der wissenschaftlichen Welt von heute mehr und mehr an Beweiskraft gewinnen.« Noch eine andere Tatsache sollte man sich vor Augen halten, daß nämlich – vorausgesetzt, es steckt nur ein kleines Körnchen Wahrheit in dieser Entwicklungstheorie – die Termite sicherlich anfangs ein vollkommenes geflügeltes Einzelinsekt gewesen ist, nach dem Muster der Königin und des Königs. Die Vereinigung dieser Einzelwesen und die wunderbaren Verwandlungen, die sich daraus ergaben – all das bedeutet eine späte Entwicklungsstufe der Art. Wenn die blinden, flügellosen, geschlechtslosen Soldaten und Arbeiter nicht eine degenerierte Form des vollkommenen Königs- und Königinnentyps sein sollen, dann müßte das Gegenteil angenommen werden, nämlich daß König und Königin sich aus dem einen oder anderen der beiden geschlechtslosen Typen entwickelt haben; aber das ist unmöglich. Es gibt andere biologische Tatsachen, die darauf hindeuten, daß die unvollkommenen Formen Degenerationserscheinungen des vollkommenen Insekts sind. Die Zurückbildung der Flügel und der Geschlechtsorgane in den geschlechtslosen Typen zeigt deutlich den Weg an, den die Entwicklung, oder besser die Entartung, genommen hat.

Die Funktionen des Termitenstaates

Bis jetzt haben wir die Termiten und den Termitenhügel lediglich von außen betrachtet. Nun wollen wir dazu übergehen, den Bau und das Wachstum sowie die Lebensgeschichte der Termiten im Innern ihres Nestes zu studieren. Dabei wird jeder Schritt verblüffende Entdeckungen bringen, und wir werden Dinge zu sehen bekommen, die geradezu unglaublich scheinen.

Die Termite unterscheidet sich in jeglicher Hinsicht von allen anderen Insekten. Morphologisch betrachtet, gibt es wenig Formen in der Natur, die uns an die Termite erinnern könnten. Ihre ontogenetische[1] Entwicklung bereitet immer neue Überraschungen; phylogenetisch[2] angesehen, muß man schon in den Ozean hinabsteigen, um ähnliches zu finden. Der Entomologe, der zum erstenmal die Termite zu Gesicht bekam, hätte mit gutem Grund annehmen können, sie sei von einem anderen Planeten auf die Erde eingewandert.

[1] Die Entwicklung des Einzelwesens betreffend.
[2] Die Stammes- oder Artentwicklung betreffend.

Um nur eines zu erwähnen: die Flügel. Wo sonst in der Natur findet man einen Organismus, der während seiner Lebenszeit die mächtigste aller Waffen im Existenzkampf preisgäbe – seine Flügel? Dieses Abstoßen der Flügel ist aber nur ein Beispiel für die Überraschungen, die uns die Termite ständig beschert.

Ich lasse hier einige Abbildungen folgen, die das Aussehen der verschiedenen Bewohner eines Termitenhügels, wie man ihn in Transvaal überall finden kann, veranschaulichen. Man sollte es kaum für möglich halten, daß sie alle Kinder ein und desselben Elternpaares sind.

Wir haben eingangs gesehen, wie Könige und Königinnen das Nest in Schwärmen verlassen, und ich sagte, ihr Flug sei die Bedingung für die Entfaltung ihres geschlechtlichen Lebens. Ich habe dann weiter von dem Signal der Königin erzählt und beschrieben, wie beide Geschlechter nach ihrem ersten und einzigen Flug ihre Schwingen abwerfen, sobald sie sich auf den Boden niedergelassen haben. Nun wollen wir einmal die interessante Entwicklung dieser Flügel betrachten.

---

a) Geflügeltes Geschlechtstier · b) Ausgewachsener Soldat · c) Nymphe mit Flügelknospen. Sie wird nach der nächsten Häutung ein geflügeltes Geschlechtstier, Prinzessin oder geschlechtsreife Königin sein.

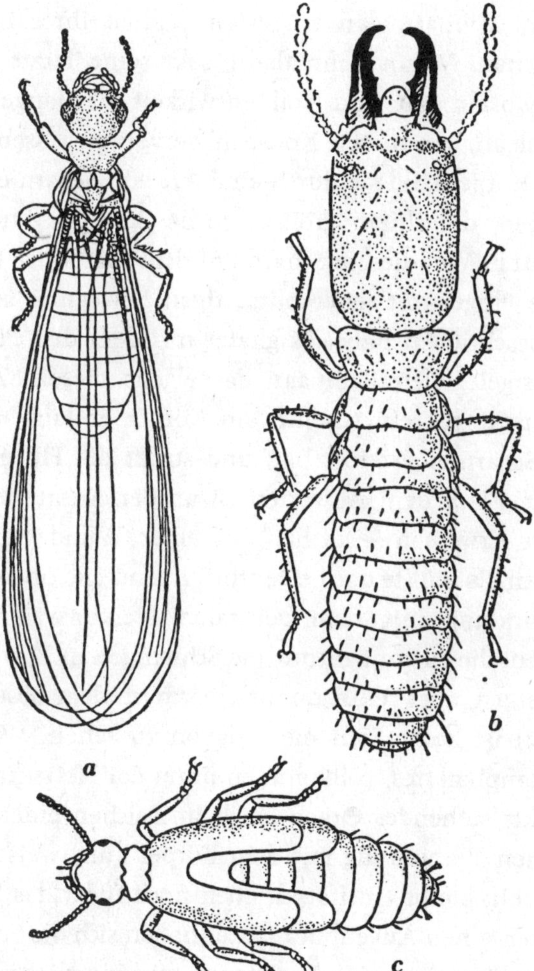
a
b
c

Man kann die Flügelknospen bei den Geschlechtstieren schon in den frühesten Stadien ihres Lebens erkennen. Wenn dann das Insekt seine letzte Haut abgeworfen hat und voll entwickelt ist, fangen die Flügel an, aus diesen Knospen hervorzuwachsen. Mit dem Körper sind sie durch eine Art von Scharnier verbunden, das ihnen größtmögliche Bewegungsfreiheit gestattet. Von diesem Scharnier bricht später das Insekt seine Flügel mit jener blitzartigen Bewegung ab, die ich beschrieben habe. Es gleitet mit dem den Flügeln nächstgelegenen Beinpaar, das eigens diesem Zweck angepaßt zu sein scheint, am Körper entlang, bis es das Scharnier erreicht hat, und streift die Flügel herunter. Nach dem Abwerfen ist an der Ansatzstelle – wider Erwarten – nichts von einer Wunde zu entdecken. Es müßte doch eigentlich irgendeine organische Verbindung mit dem zentralen Nervensystem bestehen, die es ermöglichte, die Schwingen in Bewegung zu setzen, aber selbst unmittelbar nach dem Lösen der Flügel ist keine Spur mehr davon zu sehen. Wie ein so kompliziertes, vollkommen unter der Herrschaft des Insekts stehendes Organ gar kein Zeichen einer organischen Verbindung mit dem Körper aufzuweisen haben soll, bleibt ein Rätsel. Eben noch fliegt das Insekt umher, einen Augenblick später haben sich die Schwingen gelöst, ohne eine Verletzung zu hinterlassen.

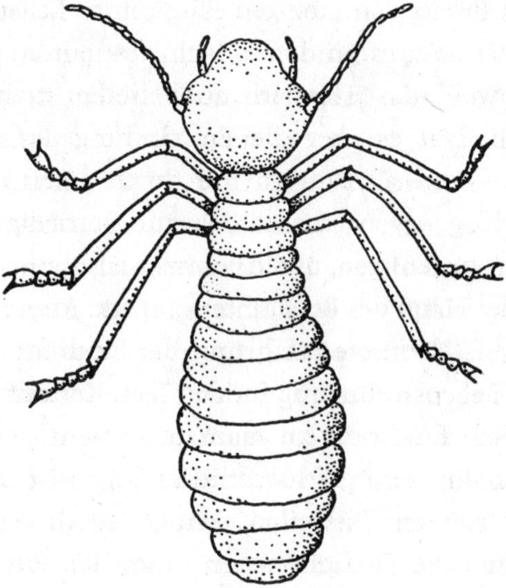

Art Trinervitermes, vergrößert · Noch ungefärbte, eben ausgebrütete Termite · Farbe: weiß · Alle Klassen und beide Geschlechter kommen vor · Rudimentäre Geschlechtsorgane, die bei fortschreitender Entwicklung verschwinden · Vollkommen blind · Bei einigen Individuen finden sich an Stelle der Augen pigmentierte Flecken, die dann auch verschwinden · Bei anderen erscheinen rudimentäre Flügelknospen, die sich aber niemals entwickeln.

Dazu ist noch ein interessanter Punkt zu erwähnen. Ehe das Insekt den einzigen Flug seines Lebens getan hat, kann man es an den Flügeln festhalten; sie werden, obwohl das Tier sich zu befreien strebt, nicht abreißen. Hat es aber die Empfindung des Fliegens gehabt – und sei es auch nur durch einen einzigen Flügelschlag –, so scheint das zur Befriedigung des Instinkts zu genügen, und das Insekt läßt seine Schwingen in der Hand des Beobachters zurück. Man muß das richtig verstehen: die Erfahrung, der Eindruck des Fliegens ist Lebensbedingung für das Tier. Kommt es nicht dazu, diese Erfahrung zu machen, so wird es niemals eine Königin; sein geschlechtliches Leben ist zu Ende; es muß sterben. Bisweilen genügt jedoch schon der Kampf um die Freiheit, wenn es an den Flügeln gehalten wird, um den Instinkt zu befriedigen. Manchmal scheint auch ein schnelles und fortgesetztes Bewegen der Flügel, während das Tier auf einem Zweig sitzt, den wirklichen Flug durch die Luft ersetzen zu können. Aber das sind Ausnahmen. In der Regel wird die weitere Entwicklung vereitelt, wenn das Insekt nicht zum Fliegen gekommen ist und seine Schwingen nicht in der normalen Weise hat abwerfen können.

König und Königin haben genau das gleiche Aussehen und können mit dem bloßen Auge nicht unterschieden werden. Sie sind die einzigen voll ausgebildeten Typen

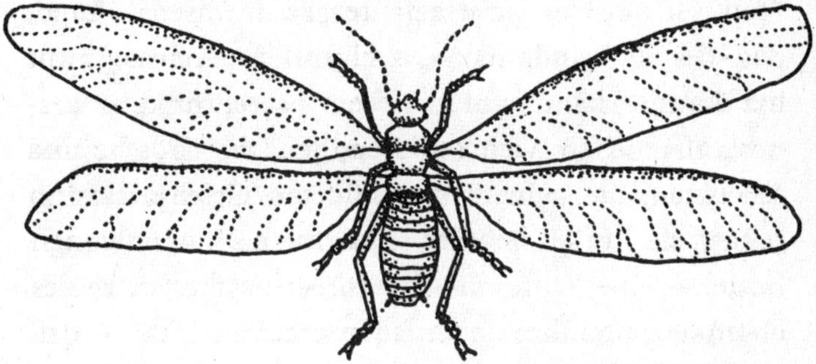

Art Trinervitermes, vergrößert · König und Königin zur Zeit des Fluges · Ausgebildete Insekten mit voll entwickelten Augen, Flügeln und Geschlechtsorganen · Farbe: dunkelbraun mit roter Zeichnung · Stark pigmentiert · Funktionen: 1. Fortpflanzung — 2. Analogie zu den Bewegungs- und Sinneszentren im Gehirn der höheren Tiere.

des Termitenvolkes, haben regelrechte Augen und sind, obwohl sie in völliger Dunkelheit geboren und aufgezogen sind, stark pigmentiert. Man kann schwarze, braune und rote Färbung finden, die aber nie in ihrer Nachkommenschaft wiederkehrt — die zukünftigen Könige und Königinnen natürlich ausgenommen.
Die Geschlechtsorgane sind vollkommen entwickelt, dagegen fehlt jedes natürliche Verteidigungsmittel.

Und doch gibt es wohl kein Insekt in unserem Land, das so viele Feinde hat! Die eigentliche Ameise, nicht die Termite, kann man in vollem Tageslicht kühn umherlaufen sehen, weil nur Reptilien, wie Frösche und Eidechsen, die keinen ausgebildeten Geschmackssinn haben, sie fressen. Sie hat so wirksame Verteidigungsmittel – eine Säure, die ihr Körper zu diesem Zweck absondert, und ihre unverdauliche äußere Haut –, daß manche Käfer das Aussehen der schwarzen Ameise erfolgreich annehmen, um sich dadurch zu schützen, und andere Tiere dadurch täuschen. Die unglückliche Termite aber wird von allen übrigen Tieren gierig verschlungen. Man kann das beobachten, wenn man einmal die Flucht der Termiten in unbewohnten Teilen Zentralafrikas erlebt hat. In wenigen Minuten wimmelt die Erde von unzähligen Kreaturen, die zu dem Festmahl herbeiströmen. Frösche, Kröten, Schlangen, Eidechsen und andere Reptilien kommen aus der Erde gekrochen. Wie sie die Nachricht erfahren? Ich weiß es nicht. Sogar Schildkröten erscheinen auf der Bildfläche. Andere Insekten, Grillen, Käfer, Tausendfüßler, Spinnen, Skorpione schwärmen im Gras. Im Wasser, dicht unter der Oberfläche, sieht man Hunderte von Fischen und Wasserschildkröten; aus dem Busch schleichen sich Schakale, Katzen, Meerkatzen und Affen heran.

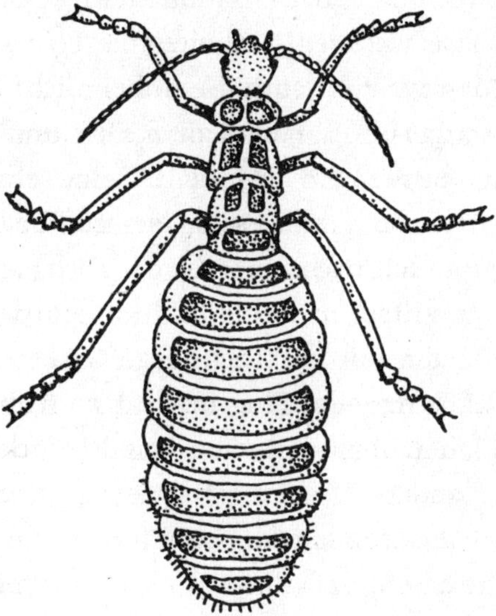

Art Bellicosus, vergrößert · Königinnen-Ersatz · Dem Typ der Königin und des Königs ähnlich, nur die Flügel kommen nicht zur Entwicklung · Funktion: Unter Umständen zeitweiser Ersatz für König und Königin · Beide Geschlechter kommen vor.

Zeitweise gibt es einen Waffenstillstand, wovon nur die fliegenden Termiten leider ausgeschlossen sind; sie scheinen nur zu fliegen, um zu sterben. Man versteht bei dem Anblick eines solchen Gemetzels, warum die

Natur die Termiten gleich millionenfach entstehen läßt und jedes Paar weiteren Millionen das Leben zu geben vermag. Man versteht auch die unheimliche Hast, mit der das königliche Paar nach dem Flug und dem Abwerfen der Schwingen davoneilt. Seine einzige Methode, sich vor den zahllosen Gefahren zu schützen, besteht darin, erst nach Einbruch der Dämmerung auszufliegen. So entgehen König und Königin wenigstens den Vögeln, die nur bei Tage fliegen. Aber bisweilen mißlingt auch das; der Flug beginnt zu früh, und im Zwielicht lauern Hunderte von Feinden. Nachtfalken, Eulen und andere Nachtvögel setzen die Mahlzeit in den dunkelsten Stunden der Nacht fort.

Es ist einzusehen, daß unter diesen Umständen eine Verlagerung der natürlichen Verteidigungsmittel stattgefunden haben muß. Was dem König und der Königin in dieser Hinsicht fehlt, wird durch die Möglichkeit des Gesamttieres wettgemacht. Sobald ein Staat begründet ist, erscheinen die einzelnen Termiten nie mehr am Tageslicht, bis auf die Fälle, wo eine Verletzung des Hügels sie dazu zwingt, aber auch dann nur in geringer Zahl. Wie weit sie sich auf der Suche nach Nahrung von ihrem Heim entfernen müssen – und das kann manchmal Hunderte von Metern sein –, sie legen sich unterirdische Gänge nach allen Richtungen an, und sogar die Nahrung selbst wird zeitweise mit Erde bedeckt, damit keines der Tiere an die Oberfläche zu kommen braucht.

In ähnlicher Weise wie die Verteidigungsmittel sind auch die psychischen Eigentümlichkeiten und Triebe vom Einzelwesen fort in die Gemeinschaft verlegt. Die individuelle Termite ist ohne Gefühl; es gibt für sie keinen Schmerz. Aber jede Verletzung einer Gruppe wird von der Gemeinschaft empfunden. Ebenso verhält es sich im menschlichen Körper. Die Leber z. B. empfindet eine Verletzung nicht; das menschliche Wesen im ganzen, das zusammengesetzte Tier, verspürt die Verletzung der Leber als Schmerz.

Auch Hunger und Durst bleiben der einzelnen Termite unbekannt. Hungersnot und Wassermangel wird nur in der Zelle der Königin verspürt.

Selbst vom mächtigsten aller Triebe, dem Sexualtrieb, ist das Individuum befreit. Die einzige Spur von Selbständigkeit ist in den Nahrungs-, Verwundungs- und Gefahrensignalen zu entdecken, die die Soldaten aussenden und die die Arbeiter beantworten. Aber das ist kein Beweis für das Dasein einer Sonderseele der einzelnen Termite. Außer der Fähigkeit zur Fortbewegung ist kein Anzeichen für eine solche vorhanden. Alle Antriebe werden durch Signale aus der Zelle der Königin gelenkt.

Wenn die Königin vernichtet ist, hören diese Signale,

selbst in den Außenbezirken des Termitenstaates, auf, und mit ihnen endet auch alle sinnvolle Geschäftigkeit, während doch der Einfluß der Königin, solange sie am Leben ist, überallhin wirkt, auch wenn diese Außenabteilungen lange Zeit durch eine Metallplatte vom Bau isoliert worden sind. Ein Beweis dafür, daß die Gruppenbewegungen einzig von der Königin, dem Gehirn des Termitenstaates, gelenkt werden.

Der König und die Königin erfüllen tief unten in ihrem dunklen Gemach zwei ganz verschiedene Funktionen; die geistige und die sexuelle. Ihre Zelle ist der Hirnschale höherer Tiere vergleichbar. Selbst die Substanz, die den Körper der Königin ausmacht, erinnert an das Gehirn der Säugetiere. Nur eines fehlt: die Nerven, die im physischen Haushalt der hochentwickelten Tiere eine so wichtige Rolle spielen.

Wenn man zu dem Schluß gekommen ist, daß der Termitenhügel ein zusammengesetztes Tier ist, wirkt das Fehlen von irgendetwas Nervenähnlichem allerdings zuerst überraschend. Aber eine kleine Überlegung wird uns über den Grund dieser Tatsache aufklären. Die wichtigste Aufgabe der Nerven ist beim Menschen 1. die Einleitung und Beherrschung von Bewegungen und 2. die Weiterleitung der Sinneseindrücke zum Gehirn. Es gibt aber nun unzählige Bewegungen und Funktionen im menschlichen Körper, die ohne Nervenvermittlung vom Gehirn aus beeinflußt werden. Ich erwähnte schon die den ganzen Körper durchdringende Fernwirkung, für die die Bewegung und Arbeit der Blutkörperchen ein Beispiel ist. Der Einfluß, der von der Königin ausgeht, ist ebenso eine nicht durch unmittelbare Berührung entstehende Fernwirkung, ähnlich der, die so viele Funktionen im Körper hochentwickelter Tiere bestimmt.

In einem späteren Kapitel werde ich zeigen, daß dieser geheimnisvolle Einfluß die Macht hat, gewöhnliche materielle Stoffe zu durchdringen; so sind für ihn z. B. dicke, galvanisierte Eisenplatten kein Hindernis. Nur die Entfernung vermindert seine Kraft.

Diese alles überragende Bedeutung, die die Königin für den Termitenstaat hat, muß sie jedoch mit schweren Opfern bezahlen. Man könnte sich vorstellen, daß die Natur, nachdem der kurze Hochzeitsflug stattgefunden hat, folgendermaßen zu ihr spräche:

»Meine Liebe, es steht dir jetzt ein großer Verlust bevor. Anstatt dich weiter am warmen Sonnenlicht zu erfreuen, wirst du in einem engen Gewölbe eingekerkert sein, das dir nicht die geringste Bewegung erlaubt. Die jährliche Wiederkehr der Zeit der Liebe, die Suche nach dem Geliebten und das glückliche Finden, den Hausbau und alles Vergnügen, das mit diesem Erleben verbunden ist, wirst du in Zukunft entbehren müssen.

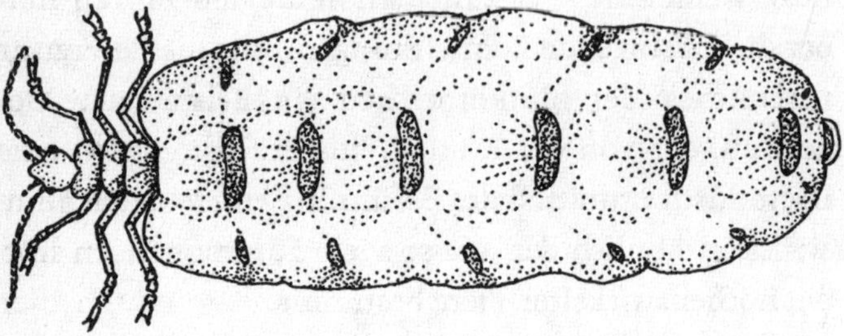

Art Bellicosus, vergrößert · Königin · Beginn des zweiten Entwicklungsstadiums · Funktionen: Weibliches Element der Fortpflanzung — Sinnes- und Bewegungszentren des »Gehirns« · Wie bei den höheren Tieren, erleidet das Termitenweibchen periodische Entwicklungswandlungen und hat eine viel reichere ontogenetische Entwicklung als das Männchen.

Dafür aber wirst du zu einem hochwichtigen und wundervollen Wesen werden, dem Anschein nach eine bewegungs- und gestaltlose Masse, lebendig begraben, in Wirklichkeit aber der einzig fühlende Ursprung, das alleinige Fühlen, Denken, Sehen eines Lebens werden, das tausendmal größer und wichtiger ist, als dein kleines Leben es je werden könnte. Und über das alles hinaus will ich dir meinen Schutz verleihen. Die tausend Gefahren, die unzähligen Feinde, die ständig dein Leben bedrohen, werden vergeblich gegen den Panzer anrennen, mit dem du in diesem neuen Leben gewappnet sein wirst.«

Diese Notwendigkeit des Schutzes hat die Entstehung eines Termitenstaates veranlaßt. Als Einzelwesen sind die Königin und ihre Untertanen die bedrohtesten aller Insekten; einer feindlichen Umgebung preisgegeben, hätten sie als Individuen ihre Art nicht erhalten können. Als Gesamttier dagegen ist der Termitenhügel nahezu unangreifbar. Äußere Wunden, Angriffe, die die sichtbare Form des Baues zerstören, vermögen nicht an sein eigentliches Leben zu rühren, das weitergeht, als wäre nichts Außergewöhnliches geschehen. Die Wunden werden geheilt, und die Königin ist so sicher in ihrer Zelle wie das menschliche Gehirn in seiner Schale.

Es gibt nur wenige Feinde, die für die Königin eine wirkliche Gefahr bedeuten. Eine der größten ist der Ameisenbär; der hinterlistigste Feind ist eine Käferart, die bisweilen einen geschwächten Termitenstaat vollkommen verwüsten kann. Der Vorgang hat große Ähnlichkeit mit einem Angriff schädlicher Organismen auf den menschlichen Körper. Der Termitenhügel, dem so etwas widerfährt, wird krank und stirbt.

Hat die Königin nun einen zu hohen Preis für diesen Schutz bezahlt? Die Natur beantwortet solche Fragen anders, als wir oder die Königin selbst es zu tun vermöchten.

»Was kümmert es mich«, würde sie vermutlich sagen, »welcher Preis für den von mir gewährten Schutz bezahlt werden muß? Wieviel Glück dabei verlorengeht und wieviel Elend die neue Lebensweise mit sich bringt, ist ohne jede Bedeutung. Auf das Einzelwesen kommt es nicht an, wenn sich nur die Gesamtheit eines gesicherten, unzerstörbaren Lebens erfreut. Das Individuum muß immer dafür bezahlen, und kein Preis ist zu hoch.«

Man kann begreifen, warum die Entwicklung diesen sonderbaren Verlauf genommen hat, warum die Königin zur Unbeweglichkeit verurteilt und in eine Zelle eingekerkert wurde. Da sie das Gehirn der ganzen Organisation bedeutet, muß sie notwendigerweise an eine bestimmte Stelle gebannt sein. Allerdings macht ihre doppelte Funktion, die geistige und die sexuelle, die Sache verwickelt. Mit allen sexuellen Vorgängen ist in der Regel Bewegung unlöslich verbunden; die Lage der Königin steht damit in Widerspruch. Wie das Problem in der Entwicklung des Termitenstaates gelöst ist, will ich hier nicht weiter erörtern, aber jeder, der schon selbst Naturvorgänge studiert hat – und auch der Uneingeweihte –, wird die Lösung finden, wenn er die Doppelheit in der Aufgabe der Termitenkönigin mit der weniger komplizierten Funktion der Bienenkönigin vergleicht. Bei dieser ist die sexuelle Aufgabe die ungleich wichtigere; darum wird jede Gefahr, die der Königin auf ihrem Hochzeitsflug droht, zu einer Gefahr für den ganzen Stock. Die Termitenkönigin wird nie wieder einer Gefahr ausgesetzt, nachdem einmal der Staat begründet und die Königin unbeweglich geworden ist.

Der menschliche Beobachter, der den Flug der Königin erlebte und Zeuge der glücklichen Vereinigung der beiden Geschlechter geworden ist, ja vielleicht sogar mitgeholfen hat, daß alles gut ging, stößt einen Seufzer der Erleichterung aus, wenn das bedrohte Paar schließlich in der Erde Schutz gefunden hat. Jetzt endlich sind sie sicher. Das heißt, noch nicht ganz! Noch bedroht eine große Gefahr die Geburt des neuen Staates, ein in unserem Lande erbarmungsloser Feind – die Dürre. Die Termiten brauchen Wasser und noch einmal Wasser und immer wieder Wasser. Da neunzig Prozent ihres Körpers aus Wasser besteht, ist der größte Teil all ihrer Arbeit dem Finden und Herbeischaffen von Wasser gewidmet, von dem sie genauso abhängig sind wie die warmblütigen Tiere. König und Königin sind darauf angewiesen, unverzüglich Wasser zu finden; die feuchte Erde liefert es ihnen. Darum findet der Flug nur nach heftigen Regengüssen statt; bisweilen allerdings kommen auch Irrtümer vor.

Die nächste Aufgabe des Königs und der Königin ist es, einen Platz für das Ausbrüten und Aufziehen der ersten Arbeiter und Soldaten vorzubereiten. Zu diesem Zweck ist ein großer Wasservorrat notwendig; versiegt er in diesem Anfangsstadium, so ist es mit allem zu Ende; Trockenheit bedeutet Tod für das Elternpaar und damit für das zusammengesetzte Tier, noch ehe es entstanden ist. Darum arbeiten König und Königin unablässig daran, Gänge nach allen Richtungen anzulegen, in denen sie auf feuchte Erde stoßen. Meist führen diese Gänge in die Tiefe und bilden den Anfang zu dem großen vertikalen Gang, von dem ich gesprochen habe. Jedenfalls ist dies in besonders trockenen Gegenden der Fall. Die Gänge sind an manchen Stellen durch größere Höhlungen unterbrochen, die die beiden Insekten selbst ausgraben oder manchmal auch vorfinden. Hier legen sie ihre »Gärten« an. Enthusiastische Beobachter der Ameisen haben diese Anlagen Gärten genannt, und so wollen auch wir bei dieser Bezeichnung bleiben. Sie sehen in der Tat unseren eigenen landwirtschaftlichen Bemühungen erstaunlich ähnlich.

Zuerst wird der Boden sorgfältig vorbereitet. Der Dung

besteht aus fein gekauten, teilweise verdauten pflanzlichen Stoffen, vornehmlich trockenem Holz und Grashalmen. Dann wird der Boden mit reichlich Wasser benetzt, bis er mit Feuchtigkeit gesättigt ist. Unermüdlich arbeiten die beiden und gönnen sich nicht einen Augenblick Ruhe und Schlaf. Es ist aber auch die erste und letzte Arbeit, die sie verrichten, denn ihre zukünftigen Aufgaben wird man kaum Arbeit nennen können. Endlich ist der erste Garten fertig, tief unten in einer Höhlung zwischen den Gängen. Kein Lichtstrahl darf hier hineinfallen; alles spielt sich im Dunkeln ab. Der Garten besteht aus einem Stückchen Zellstruktur und Erde, und wenn er gut durchfeuchtet ist, gehen der König und die Königin daran, den Samen für den eigentümlichen Pilz zu säen, der eine so ungeheure Rolle in dem zukünftigen Leben des Gemeinwesens spielen soll, daß er unsere besondere Beachtung verdient.

Ich habe gesagt, der Same wird gesät, doch kann ich nicht beweisen, daß das tatsächlich geschieht, aber der Augenschein spricht dafür. Das Paar krabbelt in dem feuchten Garten umher, und in kürzester Zeit sprießt der Pilz in Gestalt eines weißlichen Schimmels hervor. Ich habe die Hyphen[1] und Sporen des Pilzes an den Kiefern und Beinen der fliegenden Termiten gefunden,

[1] Stäbchenartiges Gewebe der Pilze.

kurz nachdem sie ausgeflogen waren. Es scheint wirklich so, als ob sie absichtlich den Samen in das neue Nest tragen. Allerdings findet man auch Samenspuren bei den Termiten, die nichts mit dem Garten zu tun haben, und überhaupt in der Nachbarschaft eines Termitenhügels in den unterirdischen Gängen und Höhlungen. Sie werden durch Wasser, Wind oder Würmer und Insekten weitergetragen. Darum ist es nicht ausgeschlossen, daß der Same eventuell auch von selbst in dem speziell dafür zubereiteten Erdreich haften bleibt, ohne Zutun der Termiten. Aber die Termiten vollbringen noch viel unglaublichere Dinge, als es das Pflanzen der Pilzsporen ist, und so wollen wir es als möglich annehmen, daß das Herbeitragen des Samens und das Säen absichtlich geschieht.

Gleichgültig, ob nun dabei Absicht im Spiele ist oder nicht, außer Frage steht jedenfalls die Düngung und Bewässerung des Gartens. Der Gang zur Wasserquelle wird ständig fortgesetzt. Während sie feuchte Erde ausgraben, speichern sie die Feuchtigkeit in ihren Körpern auf und bewässern dann den Garten mit Tropfen jener klaren Flüssigkeit, die später für so viele verschiedene Zwecke verwendet wird.

In diesen neuangelegten Garten legt die Königin ihre

Schematischer Schnitt durch einen Termitenhügel.

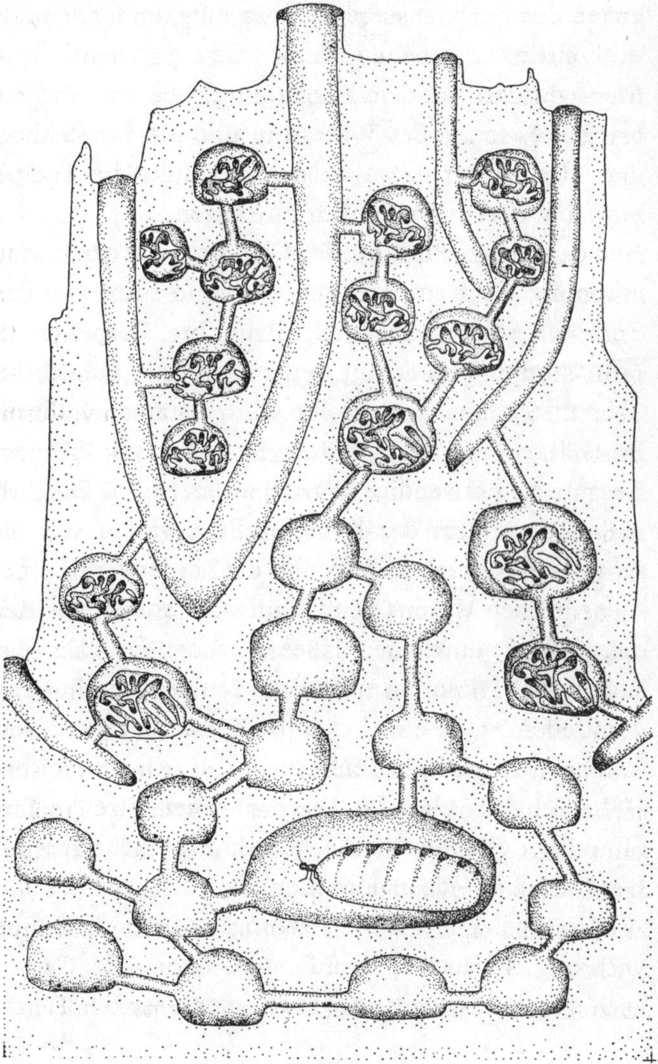

ersten Eier. Jetzt ist sie noch fähig, eilig umherzulaufen und eifrig zu arbeiten. Inzwischen geschieht etwas Merkwürdiges mit dem Pilzgarten; die beiden Insckten bringen es fertig, das Wachstum und die Entwicklung der Pilze zu verzögern; zugleich beginnt die Temperatur im Garten erstaunlich zu steigen.

Auf den ersten Blick ist die Ursache der Temperaturerhöhung nicht zu erkennen. Sie kann nicht von den Termiten selbst herrühren, denn ihre Körpertemperatur stimmt immer mit derjenigen ihrer Umgebung überein. Sic muß also aus den Gärten stammen, die als Brutstätte dienen und später dazu da sind, die dem Gesamttier notwendige Wärme zu erzeugen. Die normale Temperatur der Königinzelle liegt um vier bis sechs Grad Fahrenheit höher als die Körperwärme eines menschlichen Wesens. Man kann wohl annehmen, daß diese Wärme durch die Pilzbeete erzeugt wird. Daß das Reifen von Pilzsorten mit einer Temperaturerhöhung verbunden ist, ist eine bekannte Tatsache. In den Termitengärten wird die Temperatur dadurch auf gleicher Höhe gehalten, daß das Wachstum der Pilze im Stadium ihrer größten Wärmeentwicklung verzögert wird. Der Garten ist jedoch noch mehr als nur Brutstätte und Kinderstube. Die Hitzeerzeugung ist sicherlich eine wichtige Aufgabe, aber außerdem bildet der Garten auch Magen und Leber des zusammengesetzten Tieres.

Durch beständige und rasche Verwandlung werden in der Pflanze nicht nur Nahrungs-, sondern auch Verdauungssäfte entwickelt. Unter dem Mikroskop und durch chemische Analyse findet man Öl, Protoplasma, Glykogen, Kohlehydrate, Proteidkristalle, Gummi, Alkaloide und verschiedene Enzyme, ähnlich wie sie im menschlichen Körper vorkommen, die den zusammengesetzten Zucker in Dextrose und Levulose auflösen und gewöhnlichen Zucker in Alkohol und Kohle zerlegen. Der einzige Stoff, von dem man keine Spur findet, ist Stärke.

Der Verdauungskreislauf geht in folgender Weise vor sich: die Arbeiter sowie der König und die Königin in ihren ersten Stadien sind die einzigen Termiten im Nest, die Holz, Grashalme und andere grobe pflanzliche Stoffe kauen und teilweise verdauen können. Keine der übrigen Gruppen ist imstande, etwas anderes als Flüssigkeiten aufzunehmen und zu verdauen. Nachdem der König und die Königin – in ihren ersten Stadien – oder die Arbeiter die Nahrung teilweise verdaut haben, gelangt sie in den Magen und in die Leber, das heißt in die Gärten. Hier wird sie weiter verdaut, nämlich durch die Pilze und die erwähnten Verdauungssäfte verwandelt. Es ist derselbe Vorgang wie im menschlichen Körper. Wenn Magen und Leber die Nahrung vorbereitet haben, wird sie in flüssiger Form

von den Arbeitern und Soldaten aufgenommen und bildet so einen Teil der ganzen Zirkulation.
Mehr als die Hälfte dieser vorverdauten Nahrung wird zu Bauzwecken verwendet. Wenn man einen neugebildeten Turm berührt, so bekommt man klebrige Finger, und mit dem Vergrößerungsglas kann man sehen, wie jeder Arbeiter das winzige Klümpchen Erde in seinen Kiefern hin und her rollt, um es mit der klebrigen Flüssigkeit zu bedecken, ehe es an Ort und Stelle eingefügt wird. Die dazu notwendige Flüssigkeit stammt aus den Gärten. Lange Züge von Arbeitern, deren einzige Aufgabe im Wassertragen und dem Säen des Pilzsamens zu bestehen scheint, bringen sie von dort herbei. In der Nähe des erwähnten vertikalen Ganges findet man alle sechzig bis neunzig Zentimeter eine Höhlung, in der ein kleiner Garten angelegt ist. Während großer Trockenheit wird das Wasser ständig zu dem tiefstgelegenen Garten gebracht, um die Pilze dort frisch zu erhalten. Es ist natürlich vorteilhaft, kleine Pilzbeete nahe bei der Wasserquelle zu haben, denn es erspart den Termiten viel Arbeit. Von diesen Gärten wird der Samen in neuangelegte Pflanzungen getragen oder dazu benutzt, ausgetrocknete wieder zu bepflanzen. Zu einem anderen Zweck werden diese kleinen Gärten nie benutzt; Kinderstuben findet man nur in großen Gärten.

Eine weitere Funktion der Pilzgärten scheint die Erzeugung von Farbe zu sein; man kann nämlich aus ihnen einen dunkelroten Farbstoff gewinnen. Es ist sehr wahrscheinlich, daß die rote Färbung der Termitenkörper in den Gärten vorbereitet wird. Die Babys sind ganz farblos, wie es bei Insekten, die in völliger Dunkelheit geboren sind, nicht anders zu erwarten ist. Man müßte eigentlich auch annehmen, daß sie bei dem dauernden Lichtmangel niemals Farbe bekommen könnten, und ihre tatsächliche lebhafte Färbung wäre gar nicht zu erklären. Diese rührt jedoch von den Gärten her. Die Babys sind weiß wie Milch, bis sie mit der Pilzflüssigkeit gefüttert werden. Erst dann nehmen ihre Körper die blutrote Farbe der Erwachsenen an.

Die Funktion des Schmerzes

Wir wollen nun das eheliche Leben des Königs und der Königin im einzelnen betrachten und werden dabei drei wunderbare Erscheinungen kennenlernen.

Das Wort »wunderbar« paßt eigentlich nicht in eine wissenschaftliche Auseinandersetzung, denn in gewissem Sinne ist ein Naturvorgang so wunderbar wie ein anderer. Aber der Ausdruck rechtfertigt sich doch, wenn wir auf eine Erscheinung stoßen, die so sehr von den sonst in der Natur herrschenden Regeln abweicht, daß sie uns wie ein Wunder vorkommen muß. Dazu gehört das Verhalten des Königs und der Königin in der ersten Zeit nach der Gründung ihres Heims. Er erinnert an die Fee aus dem Märchen, die durch eine Bewegung ihrer Hand den Kürbis in eine Kutsche und die Maus in stampfende Rosse verwandelt. Die verborgene Bedeutung dessen, was ich jetzt beschreiben will, ist den erfahrensten Beobachtern entgangen. Der Naturforscher Grassi hat diese Dinge unter den günstigsten

Umständen studiert, aber ihren eigentlichen Sinn hat er nicht erfaßt.

Viel hängt von der besonderen Interessenrichtung des Beobachters ab. Wenn man vor allem auf das Verhalten der Tiere achtet und schon etwas bewandert auf diesem Gebiet ist, bemerkt man vieles, was der Entomologe übersieht. Seine Beobachtungsgabe ist darauf trainiert, Formen zu erkennen; er hat in erster Linie Interesse für Namen und Klassifizierungen, darum ist das tote Insekt für ihn manchmal wertvoller als das lebendige. Damit ist nicht gemeint, daß seine Arbeit weniger wichtig sei; im Gegenteil, sie kann manchmal größeren Wert als eine rein psychologische Untersuchung haben, und weil sie weniger interessant ist, bietet sie mehr Schwierigkeiten. Wenn nun aber die Dinge, die ich hier im Auge habe, dem Entomologen entgehen, so müssen wir dafür um so sorgsamer vorgehen, damit wir sie nicht auch verfehlen.

Bis zu dem Augenblick, wo der Garten angelegt und bepflanzt ist und die ersten Eier gelegt sind, haben die beiden Insekten, der König und die Königin, wie gewöhnliche Netzflügler eifrig ihr Haus gebaut, und das Weibchen hat Eier gelegt wie Tausende von anderen Insekten auch. Gewiß, ihre Flügel haben sie abgelegt, aber trotzdem benehmen sie sich weiter nach der Art geflügelter Insekten. Dann aber geschehen seltsame

Dinge, so seltsam, daß wir kaum glauben können, sie passierten in Wirklichkeit.

Während die Königin ihre Eier legt, stört sie unser Beobachtungslicht viel weniger als zu einer anderen Zeit. Es scheint, ihre wichtige Aufgabe beschäftige sie so ausschließlich, daß selbst solch eine Lichtquelle wie das plötzliche Aufblitzen einer elektrischen Birne sie nicht erschreckt.

Sie macht sonderbare Vorbereitungen. Während einer langen Weile steht sie auf dem Platz, wo sie ihre Eier legen will. Ihr Körper ist in ständiger Bewegung. Die Fühler kreisen und ihre Kiefer bewegen sich unaufhörlich. Bisweilen hebt sie den hinteren Teil ihres Körpers in die Höhe, genauso wie sie es tat, als sie ihr erstes Signal an den Gatten in die Luft sandte. Zwei- bis dreimal, ehe die Eier nun wirklich gelegt werden, dreht sie sich um sich selbst und betrachtet den Boden, als erwarte sie dort irgend etwas zu finden. Beim eigentlichen Legevorgang nehmen die krampfartigen Bewegungen des Körpers in heftiger Weise zu.

Wenn dann die erste Brut da ist, dreht sie sich von neuem um und prüft sie lange und sorgfältig. Sie berührt sie ganz sachte mit ihren Kiefern und Vorderbeinen und legt sich dann für eine Weile bewegungslos neben sie.

Was bedeutet das alles? Wir sind hier Zeuge eines jener

Wunder geworden, von denen ich eingangs zu erzählen versprach, eines Wunders, das sonst bei keinem anderen geflügelten und überhaupt bei keinem Insekt auf entsprechender Entwicklungsstufe zu beobachten ist. Wenn man nicht einen ähnlichen Vorgang bei Tieren, die etwas höher auf der Stufenleiter des Lebens stehen, kennengelernt hat, kann man sich das Verhalten der Termitenmutter nicht erklären. Wir haben hier nämlich tatsächlich das erste Auftreten einer Erscheinung erlebt, die in dem heute dekadent und unnatürlich gewordenen Verhalten der menschlichen Rasse eine so wichtige Rolle spielt: das erste Anzeichen von Geburtswehen in der Natur. Wir sind geneigt, so etwas bei einem geflügelten Insekt für unmöglich zu halten. Und mit welchem Recht kann man behaupten, das Benehmen der Königin sei auf Schmerz zurückzuführen?

Wie die Dinge gewöhnlich bei Insekten verlaufen, ist bekannt. Das Weibchen baut das neue Haus, trägt Futter hinein und legt seine Eier ebenso leicht und sorglos, wie es ißt, trinkt oder seine Fühler säubert. Das Männchen tritt gar nicht in Erscheinung; mit den Flitterwochen ist sein Anteil an dem Werke erledigt. Auch die Leistung des Weibchens beschränkt sich auf den Hausbau und das Legen der Eier. Seine Babys sieht es niemals an. Es würde sie gar nicht als seine eigenen er-

kennen. Wie könnte es auch glauben, daß es, selbst ein so schönes geflügeltes Wesen, solchen komischen kleinen Raupen oder sich krümmenden Würmern das Leben gegeben haben sollte!
Doch weiter. Nirgendwo sonst trifft man auf ein richtiges Insekten-Baby. Man erwartet es nicht anders, als daß man zuerst Raupen vorfindet, dann Puppen, aus denen gegebenenfalls das vollkommene Insekt hervorgeht. Aber ein kleines weißes Insektenbaby, wie es bei den Termiten zu sehen ist, das weiter keine Verwandlung durchmacht, das schwach und hilflos zur Welt kommt und allmählich größer und stärker wird, genau wie ein menschliches Baby: kann man irgendwo sonst in der Insektenwelt so etwas finden?
Es gibt allerdings Beispiele dafür, aber niemals bei einem Insekt auf derselben Entwicklungsstufe. Studieren wir einmal das Verhalten eines anderen Tieres, das zoologisch zwar in die Nähe der Insekten versetzt wird, das aber psychologisch in die Klasse der Säugetiere aufgenommen werden sollte; ich meine den südafrikanischen Skorpion.
Unter meinen zahmen Skorpionen befand sich einmal ein riesenhaftes Weibchen, das eine gewisse Berühmtheit erlangte. Es war 16½ cm lang und führte sich bei Mr. Charlie Pienaar auf die Weise ein, daß es ein vollkommen flügges Küken ermordete. Es packte das Kü-

ken am Bein, klammerte sich daran fest und stach es mit seinem tödlich wirkenden Stachel genau oberhalb des Gelenkes. Innerhalb von wenigen Sekunden war das Küken gelähmt, und nach zehn Minuten starb es. Später wurde das Skorpionweibchen dann so zahm und kannte mich so gut, daß ich ihm sogar meinen Finger entgegenstrecken und zulassen konnte, daß es ihn mit seinen Krallen umfaßte. Es brachte dabei seinen Stachel nahe an meine Haut heran, aber sobald es mich erkannte, zog es seine gefährliche Waffe schleunigst zurück. Ich konnte ganz frei mit ihm umgehen; es ließ sich gern von mir streicheln.

Bald nachdem es in meinen Besitz gekommen war, bemerkte ich, daß binnen kurzem ein interessantes Ereignis eintreten würde. Ich beobachtete das Tier unausgesetzt und ließ ihm alle nur mögliche Pflege angedeihen, denn ich wollte den Prozeß in all seinen Stadien genau verfolgen. Damals wußte ich, muß ich gestehen, noch so wenig in der Zoologie Bescheid, daß ich erwartete, das Skorpionweibchen werde Eier legen. Mein Erstaunen war daher groß, als ich es sechzehn lebendige Babys zur Welt bringen sah. Geharnischt und gespornt erschienen sie paarweise, kleine hilflose Babys – aber vollkommen ausgebildete kleine Skorpione. Es blieb gar kein Zweifel, daß die Geburt der Mutter große Schmerzen verursacht hatte. Ich erinnere mich, daß eine junge Frau ganz ängstlich fragte, ob die Kleinen auch schon Zangen und Stachel mit auf die Welt brächten. Sie sandte dann ein Dankgebet zum Himmel, weil menschliche Babys wenigstens diese nicht besäßen.

Seltsam war dann auch zu beobachten, wie die Skorpionenmutter offensichtlich ihre wunderlichen Kleinen liebte. Ganz behutsam half sie ihnen, sich auf ihren Rücken zu setzen, wo sie in zwei Reihen, die Köpfe und Zangen nach außen gerichtet und die Schwänze ineinander verschlungen, Platz nahmen. Ich kannte sie genug, um zu wissen, daß sie mir nicht erlauben würde, ihre Babys anzufassen; so wagte ich das nicht eher, als bis sie erwachsen waren. Die Mutter riß die Nahrung für sie in kleine Stücke und fütterte sie sorgsam, während sie zur Verteidigung ihren Stachel über sie hin und her bewegte. Einer liebevolleren Mutter wird man wohl kaum irgendwo anders in der Natur begegnen.

Mir war völlig klar, daß ich es hier mit einem der tiefsten Geheimnisse der Natur zu tun hatte und ich mich den Grenzen eines noch ganz unerforschten Gebietes näherte. Von dem Auftreten des Schmerzes in der Natur hat bisher noch niemand eine befriedigende Erklärung gegeben. Viele Theorien sind aufgestellt worden, und manche davon kommen der Wahrheit sicherlich nahe, aber ich kenne keinen Naturforscher, der eine wohlbegründete und zutreffende Analyse dieses Gegenstandes gegeben hätte. Und diejenigen, welche auf Grund eigener Untersuchungen an das Geheimnis der Geburtswehen herangekommen sind, kann man an den Fingern einer Hand herzählen.

Die Geburtswehen sind deshalb etwas so Geheimnisvolles, weil sie mit der verständlichen Funktion des Schmerzes nicht in Einklang stehen; denn im allgemeinen kennt man den Schmerz als ein Warnungssignal für jedes lebendige Wesen. Würde er von dieser Erde verschwinden, so wäre es mit dem Leben auch bald zu Ende. Ohne Schmerz kann die organische Materie gar nicht existieren. Überall in der Natur steht der Schmerz im Dienste der Verteidigung des Lebens – aber beim Geburtsakt trifft dies doch nicht zu. Warum also müssen alle höherentwickelten Tiere bei der Geburt leiden? Dieser Geburtsschmerz nimmt einen so großen Raum ein und ist so allgemein verbreitet, daß man meinen sollte, ein wichtiger Zweck sei damit verbunden. Welches Ziel aber verfolgte dann die Natur, wenn sie diese in Erstaunen setzende Ausnahme der allgemeinen Regel erlaubte? Geburtswehen haben doch offensichtlich keine das Leben schützende Funktion; eher ist das Gegenteil der Fall!

Oft kann man die Bedeutung einer normalen Erscheinung am besten erkennen, wenn man sie in ihren unnatürlichen und abnormen Abwandlungen beobachtet. Daß bei Affen, bei zahmen Tieren und beim Menschen der Mechanismus, der die Geburtswehen verursacht, eine Lebensgefahr für Mutter und Kind bedeutet, ist bekannt. Aber die Geburt ist doch andererseits das große Ziel des gesamten Existenzkampfes in der Natur, das Ereignis, welches sie als erste und wichtigste ansieht, das sie darum mit all ihrer Macht schützen und für Mutter und Kind sicherstellen sollte. Warum muß es mit so heftigem, nutzlosem Leiden verbunden sein, das sich, je höher hinauf man die Entwicklung des Lebens verfolgt, nur immer noch steigert? Was hat das für einen Grund?

Wir wollen den Weg des Schmerzes, den er durch die dunkle Vorzeit genommen hat, einmal verfolgen. Mit einer gewöhnlichen Immersionslinse, die ich in stehendes Wasser aus einer Viehtränke tauchte, habe ich die Bewegungen des Volvox[1] und der Amöbe stundenlang beobachtet. Mit einer Immersionslinse ist die Beobachtung lebender Tiere ohne Öl oder Färbung möglich. Ich setzte sie vielerlei unnatürlichen Bedingungen aus, z. B. preßte ich eine glühendheiße Nadel gegen das Deckglas[2]. Dadurch wird eine plötzliche Temperatur-

[1] Kugelförmige Kolonie einzelliger Tiere.

[2] Der auf einer Glasscheibe aufgefangene Wassertropfen wird zum Mikroskopieren mit einem dünnen Gläschen bedeckt, das aber die Bewegung der Tiere nicht beeinträchtigt.

erhöhung der Wasserschicht verursacht, die schon genügt, den Tod eines einzelligen Organismus herbeizuführen. Man kann auch Strychnin, Karbolsäure oder Arsenik am äußeren Rande der Wasserschicht einführen. Ein intensiver roter Lichtstrahl, dünner als eine Nadelspitze, den man über die Schicht hingleiten läßt, kann ebenfalls tödlich wirken. Durch solche Experimente gewinnt man einen gewissen Einblick. Man sieht, daß einzellige Tiere erschrecken und vor den Gefahren, die ihnen drohen, zurückweichen. Auf der Seite der Wasserschicht, die nicht solchen Störungen ausgesetzt war, sah man die Zellen sich wie gewöhnlich teilen und vermehren.

Studiert man ähnliche Erscheinungen bei höherstehenden Tieren, so erkennt man, daß die Natur an dem Wege, der gegebenenfalls zum Tode führt, als Warnungsignal den Schmerz aufgestellt hat.

Es hat einmal jemand gesagt, daß man alle Verhaltensweisen in der Natur in eine Beziehung zum Hunger setzen könne, und dieser Ausspruch ist seitdem tausendmal wiederholt worden; aber er ist trotzdem unzutreffend. Denn Hunger ist selbst eine Art Schmerz – in seinen späteren Stadien sogar der heftigste körperliche Schmerz, den es gibt, wenn man vom Durst absieht, der schwerer zu ertragen ist. Liebe kann als Hunger gedeutet werden, aber sie ist nicht Schmerz.

Worin besteht nun der hauptsächlichste Schutz der Tiere und was sichert den Fortbestand ihrer Rasse? Die organische Materie besitzt eine Eigentümlichkeit, die von den ersten Anfängen an mit dem Leben unlösbar verbunden ist. Sie gehört wesentlich zum Leben und ist, wie die meisten Naturphänomene, polarisiert; sie hat einen negativen und einen positiven Pol. Der negative ist der Schmerz, der positive die Sexualität.
Man kann dieses Attribut das lebenrettende nennen, und hier ist die Stelle, an der man dem, was der allgemeinste Naturzweck zu sein scheint, am nächsten kommt.
Jedes Tier, ob groß oder klein, besitzt einen Mechanismus, der das Fühlen von Schmerz vermittelt, und der Schmerz hat immer die Funktion, das Lebewesen gegen den Tod zu schützen. Ein Tier strengt sich z. B. an, aus dem Wasser herauszukommen, nicht etwa, weil es sich vor dem Tode fürchtet – von dem es ja gar nichts weiß –, sondern weil die ersten Stadien des Ertrinkens sehr schmerzhaft sind.
In derselben Richtung, dem Schmerz am nächsten, liegt die Furcht, ebenfalls eine triebhafte Ursache für bestimmtes Verhalten. Der gegenüberliegende Pol, die Geschlechtlichkeit, ist sehr viel komplizierter, sein schließliches Ergebnis ist – Mutterliebe.
An beiden Polen ist heute, in geringerem Grade beim

Affen, in höherem beim Menschen, eine weitgehende Degeneration eingetreten. Beim Menschen ist die besondere Fähigkeit zur Abwehr feindlicher Organismen und organischer Erkrankungen erloschen, darum ist bei ihm der Schmerzmechanismus – ursprünglich von der Natur als Verteidigungsmittel geschaffen – nutzlos geworden. Er nimmt den Schmerz als Folge all der Krankheiten mit in Kauf, denen er in viel höherem Grade ausgesetzt ist als das Tier, das in natürlicher Umgebung frei von ihnen bleibt.

Im selben Maße ist die Sexualität beim Menschen degeneriert. Auf tieferen Stufen bedarf der Geschlechtstrieb, wie andere durch das Artgedächtnis bestimmte Funktionen, eines äußeren Anlasses, um erregt zu werden. Wie wir gesehen haben, geschieht dies bei den meisten Säugetieren durch den Geruch, der sich bisweilen noch mit Farbreizen verbindet. Es ist dann das Weibchen, das eine lebhafte Färbung zeigt und oft zugleich noch Geruch ausströmt. Die Zerstörung der Riechorgane des Männchens bedeutet in solchen Fällen das Ende des Geschlechtslebens.

Affen und Menschen sind die einzigen Geschöpfe – gezähmte Säugetiere nehme ich aus –, in denen der Geschlechtstrieb ohne äußeren Anlaß erregt werden kann. Den Grund dafür erwähnte ich schon. Beim Menschen und beim Affen werden alle Wahrnehmungen und jede Erfahrung als individuelle Kausalerinnerungen aufbewahrt. Die Gehirnrinde ist das Organ dieser Funktion. Auch die ersten geschlechtlichen Erlebnisse werden durch die Gehirnrinde wie andere Geschehnisse vermittelt und als einzelne kausale Erinnerungen festgehalten. Affe und Mensch verbinden mit ihnen Gefühle der Lust, auf die sie nach eigener Willkür reagieren können, so daß ein Grundgesetz der Natur, die regelmäßige Wiederkehr, bei der menschlichen Rasse sinnlos geworden ist. Die gleichwohl noch regelmäßig auftretenden körperlichen Funktionen, ursprünglich dazu bestimmt, den Geschlechtstrieb zu wecken, sind zu einer vollkommen nutzlosen und krankhaften Entartungserscheinung geworden. Das schließliche Ergebnis ist, daß die Geburt, die bei allen anderen Tieren etwas Gesundes und Gefahrloses ist, beim Menschen mehr zu einer ärztlichen Operation wird, bei der das Leben von Mutter und Kind gefährdet ist. Ohne künstliche Geburtshilfe würden die zivilisierten Menschenrassen in drei Generationen vom Erdboden verschwunden sein, hat einmal ein berühmter deutscher Geburtshelfer gesagt. Zwei Drittel aller organischen und seelischen Erkrankungen des Menschen dürfte man auf Rechnung der geschlechtlichen Degeneration und Schwierigkeiten des Menschen setzen, meinte ein anderer.

Bei den Affen finden wir eine ähnliche Degeneration mit ähnlichen Resultaten, nur in geringerem Grade als beim Menschen.
Wir haben damit einen kurzen allgemeinen Blick auf die beiden Pole, Schmerz und Sexualität, geworfen, aber die rätselhafte Ausnahme der Geburtswehen blieb noch ungeklärt. Daß sie keine Beziehung zur schützenden Funktion des Schmerzes haben können, ist klar. Sie sind ja nicht als Warnung aufzufassen, denn auf diesem Wege gibt es für das Geschöpf keine tödliche Gefahr, der es zu entrinnen gälte. Vor dem Vorgang des Gebärens gibt es keine Flucht.
Als allgemeine Regel haben wir kennengelernt, daß es für alle Instinkthandlungen einen – und immer nur einen einzigen – Schlüssel gibt. Der Schlüssel für das geschlechtliche Leben der Termiten ist der Flug, für die Kudu-Kühe ist es der Geruch; die auf das Leben im Wasser gerichteten Instinkte des Otters werden durch die Wahrnehmung und Berührung von Wasser ausgelöst. Und so stellen auch die Geburtsschmerzen – bei allen Tieren, von der Termitenkönigin bis zum Walfisch – einen Schlüssel dar: sie schließen die Tür zur Mutterliebe auf! Wo dagegen der Schmerz nur gering ist, bleiben auch Mutterliebe und mütterliche Sorgfalt schwach und unentwickelt. Wo es gar keinen Geburtsschmerz gibt, entsteht überhaupt keine Mutter-

liebe. Während zehnjähriger Beobachtungen fand ich keine Ausnahme von dieser Regel.

Ein Naturforscher hat einmal bemerkt, Zweck der Geburtswehen sei, die Aufmerksamkeit der Mutter auf ihr Junges zu lenken; das trifft nicht zu. In der instinktiv reagierenden Psyche gibt es so etwas wie »Erregung der Aufmerksamkeit« gar nicht. Das Aufschließen des Mutterliebe-Komplexes vollzieht sich unbewußt und hat nichts zu tun mit einer bewußten Hinwendung zu dem Sprößling. Natürlich genügt es nicht, den Zusammenhang zwischen Geburtsschmerz und Mutterliebe – eines als Ergebnis des anderen – nur zu behaupten, aber eine große Zahl von Experimenten hat für mich alle Zweifel beseitigt. Folgende Bemerkungen sollen das Grundprinzip zeigen, nach dem ich sie durchführte:

Ich benützte zu meinem Versuch eine Herde von sechzig halbwilden Schafen, den sogenannten Kaffer-Schafen in Südafrika. Bewiesenermaßen war es in den letzten fünfzehn Jahren nicht vorgekommen, daß – unter normalen Umständen – eine Schafmutter ihr Junges nicht annahm. Ich machte daraufhin folgende Feststellungen:

1. In sechs Fällen war während der Geburt vollkommene Gefühllosigkeit durch Chloroform und Äther herbeigeführt worden; die Bewußtlosigkeit dauerte in

keinem der Fälle länger als fünfundzwanzig Minuten, nachdem die Geburt vorüber war. In allen sechs Fällen weigerte sich die Mutter, das Lamm aus eigenem Antrieb anzunehmen.

2. In vier Fällen ging die Geburt im Zustande der Lähmung vor sich – Bewußtsein und Gefühl waren durch das brasilianische Pfeilgift Curare teilweise gelähmt, aber nicht ganz aufgehoben. In allen vier Fällen hatte die Mutter vier Stunden lang offensichtlich Zweifel, ob sie das Lamm annehmen solle oder nicht. Nach Ablauf dieser Zeit entschlossen sich drei der Mütter, es zu tun; die vierte weigerte sich endgültig.

Um nun zu beweisen, daß die Weigerung von seiten der Mutter nicht von der allgemeinen, durch die Medikamente hervorgerufenen Störung herrührte, machte ich noch das folgende Experiment:

3. In sechs Fällen wurde die Mutter unmittelbar nach der Geburt in Chloroformanästhesie versetzt, ehe sie das Lamm gesehen hatte. Die Bewußtlosigkeit dauerte etwa eine halbe Stunde. In allen sechs Fällen nahm die Mutter das Lamm an, und zwar sofort, nachdem sie das Bewußtsein wiedererlangt hatte. Ähnliche Experimente unter Verwendung von Curare hatten dasselbe Ergebnis.

Durch diese und noch andere Experimente gewann ich die Überzeugung, daß es in der Natur ohne das Auftreten von Schmerz nicht zu Mutterliebe kommt, wobei der Schmerz als psychische Wirklichkeit erfahren werden muß.

Mutterliebe ist eine psychische Erscheinung, darum muß auch das Mittel, durch das sie geweckt wird, psychischer Natur sein, ähnlich wie das Erlebnis des Fliegens im Falle der Termite.

Den Erfolg der Geburtsschmerzen bei der Skorpionmutter haben wir beobachtet. In einem späteren Kapitel werde ich zeigen, wie sich meine Behauptung bei der Termitenkönigin bestätigt. Der ganze Komplex ist, wie alle in das Gebiet der Instinktseele gehörenden Funktionen, beim Menschen längst bedeutungslos geworden; Geburtsschmerz ist – psychologisch gesehen – bei ihm eine nutzlose rudimentäre Erscheinung, die, wie alle auf einer früheren Entwicklungsstufe stehengebliebenen Organe, Gefahren in sich birgt.

Ein erfahrener Mann hat einmal geäußert: »Wenn die Natur eine Rasse vernichten will, dann richtet sich ihr Angriff immer zuerst auf den Geschlechtstrieb.« Dieser Ausspruch ist nun nicht sehr klar, und ich weiß nicht einmal, ob er die Wahrheit trifft. Aber soviel steht fest: die Degeneration des Geschlechtstriebes ist für den größten Teil aller menschlichen Leiden verantwortlich. Umgekehrt hat nun aber die Mutterliebe – auch eine Seite der Sexualität – die psychische Entwicklung des Menschen weitergeführt, und seine Fähigkeit zur Beherrschung der Erde ist zu einem großen Teil dieser hohen psychischen Entwicklungsstufe zuzuschreiben, die ihn allen anderen Lebewesen überlegen macht.

Nicht ererbte Instinkte

Ich sagte im vorigen Kapitel, das Eierlegen der Termitenkönigin sei von Schmerzen begleitet. Im allgemeinen ist es ziemlich schwer, Gewißheit darüber zu erlangen, ob ein Tier wirklich Schmerz empfindet, denn die äußeren Anzeichen dafür sind je nach der Rasse und den Umständen sehr verschieden, aber man kann doch sagen, daß die höheren Tiere sich in dieser Hinsicht ziemlich ähnlich verhalten. Wenn sich ein Tier in Krämpfen windet, seine Glieder in zweckloser Weise bewegt, seinen Kopf zurückwirft und gleichzeitig winselt und stöhnt, so sieht man ihm an, daß es Schmerzen hat, auch wenn die Ursache des Schmerzes nicht zu erkennen ist. Diese Weise, dem Schmerz Ausdruck zu geben, ist gleichsam eine internationale Sprache der Tiere, und auch der Mensch kennt sie von frühester Kindheit an. Die meisten Insekten sprechen sie ebenfalls – allerdings ohne hörbare Laute. Darum kann jeder, der die Körperbewegungen der Termitenkönigin mit ansieht, dessen gewiß sein, daß in ihnen Schmerz zum Ausdruck kommt. Vielleicht doch noch bestehende Zweifel lassen sich dadurch zerstreuen, daß man der Königin von sich aus irgendeine Verletzung oder einen Schaden zufügt und ihre Reaktion darauf mit ihrem Verhalten bei ihrer ersten Eiablage vergleicht. Berührt man z. B. ihren Körper mit einem Glasstäbchen, das in Schwefelsäure getaucht wurde, dann kann man sogleich das Schwenken der Fühler, die Zuckungen des Körpers usw. bemerken, genau dieselben Bewegungen also, die wir beim Eierlegen beobachten.

Der schlagendste Beweis jedoch lag für mich in ihrem Verhalten, nachdem sie die Eier gelegt hatte. Ein wissenschaftlicher Beweis ist es allerdings nicht; denn zuerst versuchte ich von mir aus gewisse Wirkungen zu verursachen, und nun nehme ich ohne weiteres an, daß die beobachteten Erscheinungen auf dieselbe Ursache zurückgeführt werden können. Aber vielleicht wird man mir zugestehen, daß die Beobachtungen eines Forschers, der sich sehr viel mit dem Verhalten der Tiere beschäftigt hat, schon eine gewisse Beweiskraft in sich enthalten. Sobald ich also die Bewegungen der Königin bemerkte, war mir klar, daß sie Schmerz empfinden müsse, und ich konnte nunmehr prophezeien, daß sich aller Wahrscheinlichkeit nach nun auch Zeichen von Mutterliebe zeigen würden. Obwohl beides – das Auftreten von Geburtswehen und die Liebe zu ihren Kleinen – als sehr unwahrscheinlich angesehen werden mußte, konnte doch meine Vermutung darauf hindeuten, daß ich Bruchstücke einer Erkenntnis besaß, die sich, wenn nötig, vielleicht zum Beweise erhärten ließen; denn lange ehe ich die Geburtswehen der Königin beobachtet hatte, war ich zu dem Schluß gekommen, daß der bei der Geburt ausgestandene Schmerz den Schlüssel zur Mutterliebe darstellt.

Nun wollen wir aber das Verhalten der Königin noch weiter beobachten. Auf dem kleinen Stückchen Garten, in dem die ersten Eier gelegt wurden, sehen wir den König und die Königin unablässig umherwandern und die Pilzbeete düngen und bewässern. Bald erscheinen die ersten Larven, ein Gewimmel von kleinen weißen, hilflosen Babys, bei denen man jedoch schon die verschiedenen Arten unterscheiden kann, die sogenannten Soldaten und die Arbeiter mit den starken Kiefern. Die Königin gesellt sich zu ihnen; zwischen ihren Kiefern sehen wir etwas glitzern, das im künstlichen Licht durchsichtig und klar wie ein Diamant leuchtet. Mit dem Vergrößerungsglas erkennt man, daß es ein Tropfen Flüssigkeit ist. Die Königin nähert sich einem Baby nach dem anderen; sie heben ihre Köpfe und der Tropfen verschwindet: die Mutter füttert ihre Kleinen.

Wie ich schon sagte, kommt so etwas sonst bei Insekten derselben Entwicklungsstufe nicht vor. Annähernd ähnlich verhält sich nur eine gewisse Bienenart, die Halictus, von der der Forscher von Buttel-Reepen berichtet. Sie legt ihre Eier so langsam, daß die erste Brut schon auskriecht, ehe noch die letzten Eier gelegt sind; daher kommt die Mutter mit ihrem ausgeschlüpften Nachwuchs in Berührung. Ich glaube nun zwar, daß es rein zufällig geschieht, aber immerhin weicht das Beispiel so sehr von der Regel ab, daß man es nicht übergehen darf. Von einem wirklichen Pflegen und Füttern der Jungen ist jedoch bei diesen Bienen keine Rede.

Sobald die ersten Soldaten und Arbeiter aufgezogen sind, ist die Arbeit des Königs und der Königin beendet, und damit fehlt uns die Möglichkeit, noch weitere Beobachtungen anzustellen. Denn von jetzt an leidet unser Termitenvolk an Photophobie – Furcht vor dem Licht –, und zwar in einem solchen Ausmaße, daß die gewöhnlichen Beobachtungsmittel nicht mehr angewendet werden können.

Damit wird unsere Aufmerksamkeit auf eine Erscheinung gelenkt, die ebenso rätselhaft ist wie der Transport der Königin von einer Zelle in die andere, den ich bereits erwähnte. König und Königin besitzen nicht diese instinktive Scheu vor dem Licht, die den übrigen Termiten eigen ist. Sie verhalten sich ganz wie gewöhnliche geflügelte Insekten; vor gar nicht langer

Zeit sahen wir sie ja noch im vollen Sonnenlicht umherschwärmen. Die Soldaten und Arbeiter dagegen sind vollkommen blind und hassen jedes Licht. Wie können sie nun aber einen Instinkt besitzen, den ihre Eltern nicht haben, während doch Instinkt etwas wesenhaft Erbliches ist?

Aber das ist noch nicht alles. Die Soldaten und Arbeiter verfügen noch über andere Instinkte, die wir bei dem Elternpaar niemals bemerken. Wenn sie ausgewachsen sind, beginnen sie sofort höchst komplizierte Bauten auszuführen, sie bauen Zellen, Gänge, Wasserleitungen, und über das Ganze decken sie eine Kruste, die mannigfache Bogenformen aufzuweisen hat. Man kann mit einer stählernen Platte einen Termitenhügel derart teilen, daß zwischen den Termiten auf beiden Seiten der Platte jeder Verkehr unterbunden wird. Trotzdem bauen sie auf der einen Seite genau dieselbe Bogenform wie auf der anderen, nur niedriger fällt der Bogen unter Umständen aus. Das auf die Oberfläche des Hügels scheinende Licht empfinden die Termiten durch die Kruste hindurch, obwohl sie manchmal eine Dicke von fast 1/2 m erreicht. Mit Hilfe von Grashalmen und Holz bauen sie Bogen durch die freie Luft. Sie stehlen Eier aus anderen Termitenhügeln, tragen sie in ihre Brutkammern und pflegen sie dort. Sie sorgen für die Larven und füttern sie (dies ist allerdings ein Instinkt, den die Königin ebenfalls besitzt). Sie legen Gärten an und bepflanzen vertrocknete Gärten von neuem.

Von wem erben sie diese Instinkte? Alle Soldaten und Arbeiter haben dieselben. In der ganzen Natur finden wir Instinkte nur als Erbschaft von Eltern, die dieselben Instinkte besitzen. Wo kommen bei den Termiten dann aber die besonderen Instinkte der geschlechtslosen Formen der Gemeinschaft her? Der König und die Königin können sie nicht weitergeben, weil sie sie selbst nicht besitzen und ihnen das Gemeinschaftsleben der Bürger ihres Staates fremd ist; die Soldaten und Arbeiter können ihre Instinkte aber auch nicht weitergeben, weil sie nicht an der Fortpflanzung der Rasse teilhaben.

Ich kann nun behaupten, daß all dies mir gar nicht so rätselhaft vorkommt, weil ich der Meinung bin, den Schlüssel zu diesen Geheimnissen schon seit langem in Händen zu haben. Wenn man nämlich die allgemeine Richtung, in der die Antwort liegen könnte, gefunden zu haben glaubt, erscheint einem kein Einzelproblem mehr unlösbar.

In gewisser Hinsicht sind die beschriebenen Vorgänge wohl die geheimnisvollsten im Lebenslauf der Termiten und verdienen darum größte Aufmerksamkeit. Es ist eine seltsame und interessante Tatsache, daß

unerfahrene Beobachter fast nie auf diese Geheimnisse achten, geschweige denn eine Erklärung dafür suchen.
In diesem Zusammenhang möchte ich einmal zeigen, wie die moderne europäische Wissenschaft derartige Fragen behandelt und zu welchen Erklärungen sie dabei kommt, wobei ich mich auf eine Monographie des Professors Dr. Bugnion von der Universität Lausanne stütze. Dr. Bugnion hat die Termiten einige Jahre lang in Ceylon studiert, und die erwähnte Monographie soll in das große Werk des berühmten Psychologen Auguste Forel[1] aufgenommen werden, das den Titel »Das Gemeinschaftsleben der Termiten« trägt.
Dr. Bugnion beschäftigt sich unter besonderer Berücksichtigung des Ursprungs ihrer Instinkte in erster Linie mit den Kriegen zwischen den Termiten und Ameisen. Wie es in tropischen Gegenden nicht anders zu erwarten ist, hat Dr. Bugnion viele Angriffe von Ameisen auf Termitenhügel beobachtet, und er führt nun alle Instinktunterschiede und Formvariationen, die bei den Termiten vorkommen, auf diesen beständigen Kriegszustand zurück.
Ich für meinen Teil habe in Waterberg niemals einen Beweis für das Vorkommen eines solchen konstanten Ameisenkrieges gefunden. Im Gegenteil, wir in Südafrika wissen, daß eine der schnellsten und wildesten

[1] Schweizer Psychiater und Entomologe.

unserer fleischfressenden Ameisen aus freier Wahl mit gewissen Termiten zusammenlebt, die – da sie keine »Soldaten« haben – zu den hilflosesten aller Termitenarten gehören. Bricht man solch einen Termitenhügel auf, so bekommt man vielleicht zuerst den Eindruck, es herrsche darin ein Kriegszustand, aber daran ist nur ungenaue Beobachtung schuld. Bei näherer Betrachtung erkennt man, daß in Wirklichkeit eher ein Schutz- und Freundschaftsverhältnis existiert, wovon sich jeder, dem daran liegt, überzeugen kann.

Beim Aufbrechen einer Anzahl der kleineren afrikanischen Termitenhügel wird man früher oder später sicherlich auf einen stoßen, der Ameisen und Termiten zusammen beherbergt. Meist sind sie von kleinen, farblosen Termiten bewohnt, bei denen nur die Arbeiterkaste ausgebildet ist.

Sieht man sie sich mit dem Vergrößerungsglas an, so entdeckt man, daß ihre Weise zu bauen ganz verschieden ist von der, die ich bisher beschrieben habe. Dic Arbeiter erscheinen zwar auch hier sofort am Rande der Wunde, sobald eine Verletzung der Kruste den Bau in Gefahr bringt, aber sie schleppen nicht kleine Kiesel herbei, um sie aneinander zu kleben, sondern sie füllen den Riß mit Lehm. Jeder Arbeiter, der an der Öffnung erscheint, betastet erst eine Stelle mit seinen Kiefern, dann macht er eine charakteristische Schwenkung und legt darauf eine dünne Schicht von sauberem, weichem Lehm nieder. Manchmal ist es auch nur ein kleines Stückchen, aber meistens eine richtige Schicht. Dr. Bugnion hatte Gelegenheit, den Lehm zu untersuchen, aber er hat nicht gesehen, in welcher Weise die Termiten ihn verwenden. An der von mir beschriebenen Bauweise kann jeder diese besondere Termitenart erkennen.

Treffen wir nun auf einen Termitenhügel, der teilweise von Ameisen bewohnt ist – meist ist es eine dunkelgraue, schnelle, besonders wilde Art –, so sieht es auf den ersten Blick wirklich so aus, als ob die Ameisen auf Mord erpicht seien. Sie rennen hastig zwischen den Termiten umher oder auch über sie hinweg, und diese machen den Eindruck, als seien sie von Angst und Wut erfüllt. Hin und wieder werden sie auch von einer Ameise gepackt und ein Stückchen weitergeschleppt, oder es ergreift eine Termite die Ameise am Bein, dann wird sie mitgeschleift, doch offenbar ohne daß ihr irgendwelcher Schaden geschieht. Auch verwundete Termiten werden von den Ameisen erfaßt und fortgeschleift. Aber bei alledem gehen die übrigen Termiten ruhig ihrer Arbeit nach und bessern ihre Befestigungen aus, die dann von den Ameisen überprüft werden, wobei diese die Arbeit nicht im geringsten stören. (Die Ameisen haben ihre eigenen besonderen Eingänge zu den inneren Abteilungen des Nestes.)

Mit Mord oder Krieg hat also das, was man bei längerer Beobachtung zu sehen bekommt, kaum etwas zu tun. Aber worum es sich dabei nun eigentlich handelt, habe ich leider auch nicht herausbekommen können. Man braucht sehr viel Zeit, um nur einen einzigen Zug im Verhalten der Termiten zu studieren. Ich glaube, das Zusammenleben von Termiten und Ameisen – was immer der Grund dafür sein mag – hält noch manche Überraschung für den Naturforscher bereit. In Südafrika ist auf alle Fälle wenig von einem ständigen Kriegszustand zwischen beiden zu merken, und den Ausführungen Dr. Bugnions ist also nur zu entnehmen, wie außerordentlich leicht man zu falschen Schlüssen gelangen kann.

In einem späteren Kapitel will ich versuchen, die anfänglichen Arbeiten des Königs und der Königin, die ich beschrieben habe, zu deuten. Gegenwärtig will ich nur wiederholen, daß mit dem Augenblick, wo die ersten Arbeiter und Soldaten herangewachsen sind, eine systematische Beobachtung unmöglich wird. Der erste und wichtigste Grund dafür ist die schon erwähnte Photophobie. Alle Anstrengungen der Arbeiter und Soldaten sind am Anfang darauf gerichtet, Löcher, durch die Licht eindringen und durch die ein Beobachter ihnen zusehen könnte, zu verschließen. Wenn man hartnäckig die Löcher immer wieder öffnet, verschwinden die Termiten ganz einfach, und das bedeutet dann das Ende des Nestes, dessen Entstehen soviel Zeit und Geduld gekostet hat.

Aber nun wollen wir noch einmal auf das Geheimnis der ererbten Instinkte zurückkommen. Jedes Lebewesen – die Affen und Menschen ausgenommen – erbt von seinen Eltern alle Instinkte, die es für seinen Daseinskampf benötigt. Es wird geboren mit einem Wissen um die Nahrung, die es braucht, und weiß auch, wo und wie es sie erlangen kann; es kennt seine natürlichen Feinde und weiß sich gegen sie zu verteidigen; es weiß, wie es sein Nest oder eine andere Art von Heim zu bauen hat, wie seine Jungen gefüttert und gepflegt werden müssen. All dieses Wissen ist vorhanden, ohne daß das Lebewesen es durch Lernen erst erwerben müßte, ja ohne auch nur mit anderen Wesen seiner Art, denen es diese Fertigkeiten abschauen könnte, in Berührung zu kommen. Dafür gab ich ein interessantes Beispiel in dem südafrikanischen Webervogel, der, nachdem er über vier Generationen von seinen natürlichen Lebensbedingungen ferngehalten worden war, aus seinem Instinkt heraus doch sofort wußte, wie sein charakteristisches Nest gebaut und womit seine Jungen gefüttert werden muß-

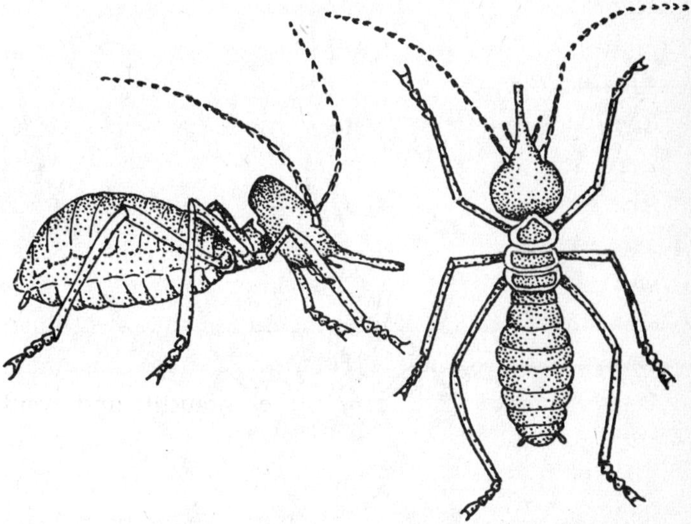

Eutermes Nashorn-Soldat mit Spritze *Eutermes Nashorn-Soldat von oben gesehen*

Blind, taub, geschlechtslos · Farbe: Kopf rötlich-gelb, Körper blutrot · Gewöhnlich stark pigmentiert · Die Mundpartie zurückgebildet · Funktion: 1. Teil des »Blutstroms« — 2. Verteidigung im Fall eines Angriffs auf die Außenabteilungen eines Termitenhügels.

ten. Niemand lehrte diese Vögel. Vier Generationen hatten niemals ein geflochtenes Nest gesehen oder einen Wurm zu fressen bekommen, und doch wußte die fünfte Generation unmittelbar, was zu tun sei.

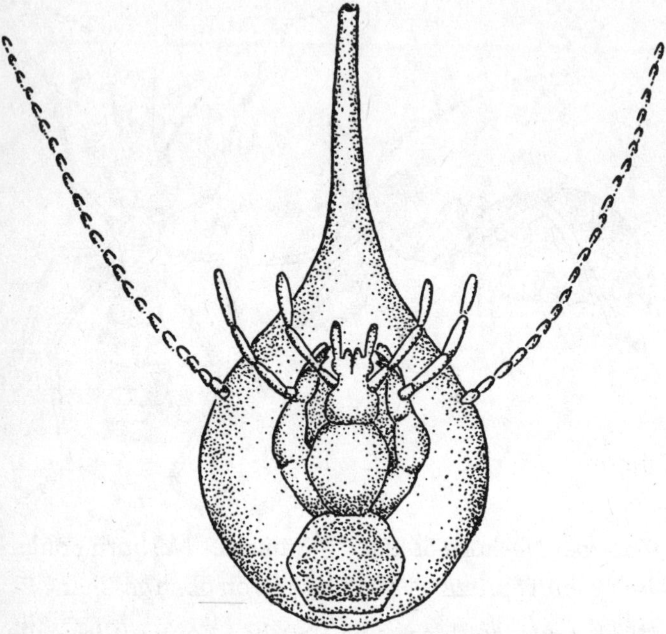

Kopf eines Eutermes-Soldaten. Von unten gesehen, um die zurückgebildete Mundpartie zu zeigen · In dem gefäßartigen Kopf wird die zur Verteidigung benutzte klebrige Flüssigkeit aufbewahrt.

Diese Fähigkeit nennen wir Instinkt oder ererbtes Gedächtnis.

Bei den Termiten finden wir nun drei offensichtlich ganz voneinander verschiedene Arten von Insekten –

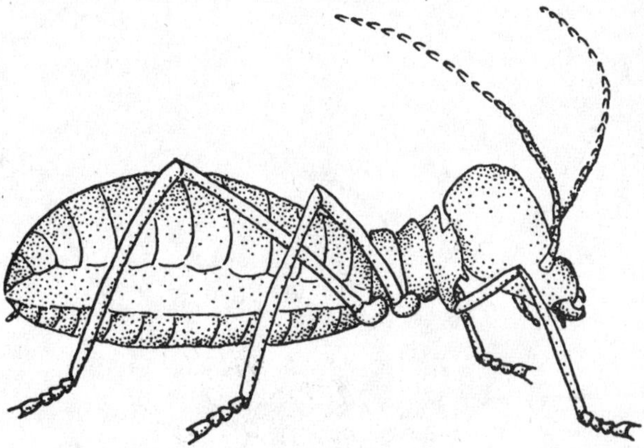

Eutermes oder Trinervitermes · Mit starken Kiefern versehener Arbeiter; Wasserträger, Maurer, wahrscheinlich auch Gärtner, Kinderpfleger und -fütterer · Eine seiner wichtigsten Funktionen besteht darin, den groben Nahrungsstoff in den allgemeinen Verwandlungsprozeß einzuführen · Diese Arbeiter bilden einen Teil dessen, was dem Blutstrom im Organismus der höheren Tiere entspricht · Farbe: Bleich mit hellroter Zeichnung · Blind, ohne Gehörorgane, geschlechtslos.

die Königinnen, die Arbeiter und die Soldaten, die alle von einem Elternpaar abstammen, das sich also von zwei Arten seiner Sprößlinge grundlegend unterscheidet. Wüßte man nicht das Gegenteil, so würde

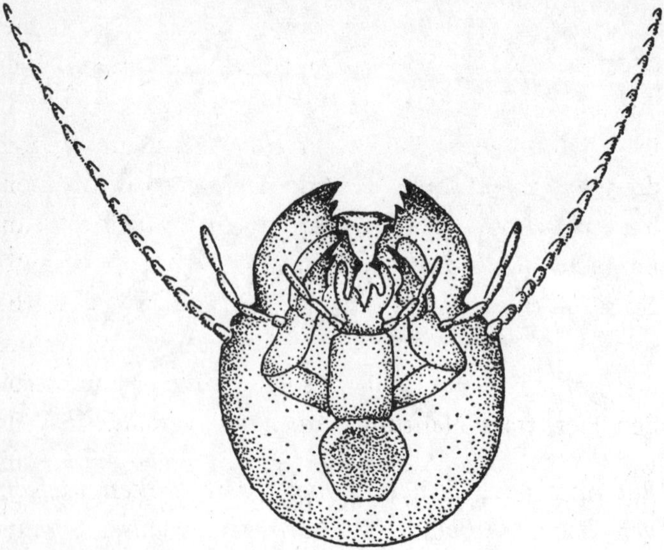

Kopf eines Eutermes-Arbeiters. Von unten gesehen, um die Mundpartie zu zeigen; diese ist speziell für die Zwecke des Bauens und Fütterns ausgebildet.

man glauben, die Bewohner eines Termitenhügels seien vollkommen verschiedene Insekten.

Mit den körperlichen Unterschieden gehen spezielle vererbte Erinnerungen Hand in Hand. Der Soldat ist mit der ersten von der Natur hervorgebrachten subkutanen[1] Spritze bewaffnet, die in den Giftfängen der Viper vielleicht noch vollkommener ausgebildet ist. In

[1] Unterhaut.

seinem glänzend polierten Kopf trägt er eine kleine Giftflasche und an seiner Stirn eine nadelförmige Tube, durch die eine klebrige Flüssigkeit herausgespritzt wird. Er gebraucht seine Waffe nur zur Verteidigung gegen drohende Feinde oder Fremde. Der Arbeiter dagegen hat starke, gut ausgebildete Kiefer und eine Leim produzierende Drüse, die ihn befähigt, höchst komplizierte Bauoperationen auszuführen. Sobald er erwachsen ist, beginnt er Gärten anzulegen, pflegt und füttert den König und die Königin, sorgt für die auszubrütenden Eier, trägt Nahrung herbei und verdaut sie teilweise zum Nutzen des ganzen Staates. Beide Arten von Insekten sind vollkommen blind; sie besitzen weder Augen noch irgendwelche anderen Sinneswerkzeuge. Trotzdem bemerken sie die An- bzw. Abwesenheit von Licht durch halbmeterdicke Erdschichten hindurch.

Die geheimnisvoll lenkende Macht

Die Termiten graben tiefe Bohrlöcher, um Wasser zu finden, das von diesen Quellen aus für allgemeine Zwecke nach oben befördert wird. Wenn man einen Termitenhügel aufbricht, erscheinen als erste die spritzentragenden Nashorn-Soldaten und untersuchen den Schaden eingehend und nachdenklich von allen Seiten. Wenn gerade keine Arbeiter oder nur wenige in der Nähe sind, geben die Soldaten ihr Signal. Durch rasches Bewegen der Halsplatten an ihrem Panzer bringen sie einen Ton hervor, ein schnelles Tik-Tik-Tik. In Häusern, die von Termiten heimgesucht sind, hört man des Nachts diesen Ton aus allen Richtungen. Durch dieses Signal rufen die Soldaten die Arbeiter an die angegriffene Stelle, aber derselbe Ton dient auch als Nahrungssignal. Dieser Ruf wirkt so alarmierend, daß selbst Arbeiter, die mit irgendwelchen besonderen Aufgaben beschäftigt sind – z. B. mit Wasserholen oder Larventragen, Gartenarbeit oder Fütterung des Königlichen Paares –, alles stehen und liegen lassen und sich zu dem Platz drängen, von wo das Alarmsignal ausgesandt wird.

Wie ich schon gezeigt habe, entspricht das Verhalten der beiden Termitenarten in jeder Hinsicht den Funktionen der Blutkörperchen bei den höheren Tieren. Genauso wie die weißen Blutkörperchen einen Ring um die Wunde bilden, die von den roten Blutkörperchen geheilt wird, schließen sich die Soldaten zu einem schützenden Kreis zusammen, während die Arbeiter das Loch wieder zumauern. Wenn man einen der Soldaten mit irgendeinem scharfen Gegenstand, etwa einer Nadel, reizt, so verfällt er in eine Art Krampf. Sein Körper wird ruckartig hin und her geschleudert, und aus seiner tubenförmigen Waffe wird ein Tropfen klarer, klebriger Flüssigkeit in die Richtung, aus der die Gefahr droht, herausgespritzt. Kleineren Insekten scheint diese Flüssigkeit heftigen Schmerz zu verursachen; sie klebt ihnen Kiefer und Beine zusammen und macht sie dadurch vollkommen hilflos. Alle diese Handlungen der Soldaten erfolgen instinktiv.

Wir kehren damit zu unserer Frage zurück: Woher haben sie diese Instinkte? Daß ihr Verhalten auf Vererbung beruht, ist nicht zu bezweifeln, weil alle Arbeiter und Soldaten die gleichen Instinkte besitzen wie die übrigen ihrer Kaste. Unmöglich können sie sie aber von ihren Eltern ererbt haben, weil weder die Königin noch der König einen einzigen dieser Instinkte besitzen. Das königliche Paar hat ausgebildete Augen und fürchtet sich nicht wie die Arbeiter und Soldaten vor dem Licht. Andererseits haben König und Königin nicht den besonderen, unerklärlichen Sinn, der sie wie ihre Kinder befähigte, den allerschwächsten Lichtschein zu empfinden. Sie wissen auch nichts vom gemeinsamen Aufbau eines Termitenhügels, vom Giftspritzen und vom Wassertragen und kommen mit den Arbeitern ihres Staates überhaupt nicht in Berührung. Es bleibt nichts anderes übrig, als zuzugeben, daß die Arbeiter und Soldaten eine Menge Erinnerungen mit sich umhertragen, die sie nicht von ihren Vorfahren ererbt haben können. Dagegen fehlen ihnen wieder die besonderen Instinkte von Vater und Mutter, denn sie können nicht fliegen, sich nicht begatten und niemals Eier legen, also auch, da sie selbst keine Nachkommen haben, ihre Instinkte an andere Soldaten und Arbeiter nicht weitergeben. Das erscheint doch wirklich höchst sonderbar!

Betrachten wir nun einmal die Beobachtungen, die Dr. Bugnion auf Ceylon machte, und sehen zu, wie er dieses Rätsel zu erklären versuchte. Ich will wörtlich wiedergeben, was er in Hinsicht auf diese Probleme sagt, und dann meine Ansichten entwickeln.

Bugnion schreibt:
»Der Biologe, der sich davon überzeugt hat, daß 1. die Soldaten, denen die Verteidigung anvertraut ist, vollkommen blind sind und daß 2. die Arbeiter, welche die Reparaturen ausführen, kleine, unbedeutende Insekten von knapp fünf Millimeter Länge sind, wird, wenn er dann das gemeinschaftliche Arbeiten der Termiten beobachtet, sicherlich in Verblüffung und Staunen geraten. Und seine Verwunderung wird noch zunehmen, wenn er dann nach einem Anzeichen jener verborgenen Macht und dem Gesetz ihres Verhaltens, das sie alle aneinander bindet, suchen wird und doch keine Spur davon finden kann.«
Es ist nicht ganz einfach zu verstehen, was Dr. Bugnion damit eigentlich meint. Ich glaube, er will sagen: »Der Biologe sieht zwar deutlich die Auswirkungen einer lenkenden Macht, aber die eigentliche Quelle dieser Macht ist nicht so leicht zu finden.«
Dr. Bugnion fährt dann fort:
»Am Ende ist der Biologe genötigt, anzunehmen, daß die Geschäftigkeit all dieser kleinen Insekten, die sich dem Anschein nach so verständig und vorbedacht verhalten, ganz und gar auf Instinkt beruht.«
Ich muß gestehen, daß ich im Falle der Termiten von vornherein niemals auf die Funktion von Verstand und Überlegung in dem Sinn, wie wir Menschen bei-

des verstehen, geschlossen habe; vielleicht, weil ich das Glück hatte, das im Verhalten der Termiten liegende Geheimnis so bald zu entdecken. Und vielleicht wußte ich auch im allgemeinen über das Verhalten der Tiere schon zu gut Bescheid, so daß ich nicht mehr allzu weit vom richtigen Wege abgelenkt werden konnte. Ich sage das in aller Bescheidenheit, denn ich weiß, wie außerordentlich leicht man auf dem Gebiet, das wir vergleichende Psychologie nennen, in die Irre geführt werden kann, vor allem dann, wenn man wenig Gelegenheit hat, Tiere in ihrer natürlichen Umgebung zu beobachten, und wenn man den menschlichen Verstand zum Maßstab seiner Urteile macht.

In seiner Beschreibung jener wunderbaren Gemeinschaftsbetätigung der Arbeiter und Soldaten sagt Dr. Bugnion weiter:

»Es ist erstaunlich, daß sie das alles vollbringen, ohne einen einzigen Fehler zu machen.« In diesem Punkt aber irrt er sich; sie machen in Wirklichkeit nämlich viele Fehler. Sie tun oft nutzlose Arbeit und halten beharrlich an ihren Fehlern fest. Ich erinnere nur an die zwecklosen Türme, die die Termiten bisweilen bauen, sinnlose Auswüchse, die nur eine Gefahr für ihren Staat bedeuten. So klug sie sich auch oft erweisen, so unglaublich töricht benehmen sie sich bisweilen.

Andererseits scheint Dr. Bugnion niemals Gelegenheit

gehabt zu haben, die bildnerische Begabung, die die Termiten nun wirklich besitzen, in ihrem vollen Ausmaß kennenzulernen, sonst würde er nicht eine so bestimmte und zuversichtliche Erklärung abgeben, wie er es an einer späteren Stelle seines Buches tut. Seine oben gegebene Lösung ist sicherlich nicht sehr überzeugend. Zu sagen, die Arbeiten der Termiten seien lediglich vom Instinkt geleitet, ist etwa so, als versuchte man das Wesen des Windes dadurch zu erklären, daß man sagt, er sei eben »Wind«.

Das eigentliche Problem, vor das wir uns gestellt sehen, liegt nicht in der Frage, ob die Tätigkeit der Termiten vom Verstand oder Instinkt geleitet wird, sondern darin, herauszubekommen, wer der Baumeister ist, nach dessen Plänen die Arbeiter ihr Werk ausführen.

Sehen wir uns noch einmal die Arbeiter durch das Vergrößerungsglas an. Einer nach dem anderen kommt aus der dunklen Tiefe mit seinem Krümchen Erde herauf und rollt das kleine Klümpchen ohne Zeichen eigenen Nachdenkens in seinen Kiefern hin und her, bedeckt es mit dem klebrigen Saft und befestigt es an dem Rande der Einbruchstelle, um dann wieder in der Tiefe zu verschwinden. Kein vernünftiger Mensch kann auf den Gedanken kommen, daß der kleine Baumeister von dem Zweck seines Tuns ein Bewußtsein hat oder daß er in seinem Kopf eine Vorstellung von dem Plan oder doch von einem Teile des Plans mit sich herumträgt, nach dem seine Bauten ausgeführt werden. Der Turm oder die Bruchstelle kann eine Million mal so groß sein wie das Insekt selbst. Die Arbeiter verrichten ihr Werk von den verschiedensten Seiten aus und sind selbst vollkommen blind. Wir können uns davon überzeugen, daß die Termiten, die an der einen Seite arbeiten, niemals mit denen von der anderen Seite in Berührung kommen. Auch ihr Baumaterial holen sie aus ganz verschiedenen Teilen des Nestes. Sollten darüber noch irgendwelche Zweifel bestehen, so sind sie leicht zu beseitigen, und zwar durch ein ganz einfaches Experiment. Man nimmt dazu eine Stahlplatte, die ein paar Zentimeter breiter und höher ist als der Termitenhügel selbst und schiebt sie gerade durch die Mitte des Spaltes, so daß sowohl die Wunde als auch der ganze Bau in zwei Hälften geteilt sind und auch der eine Teil der Bewohner nicht mit dem anderen zusammenkommen kann. Die eine Abteilung wird dann auch von der Königinnenzelle getrennt sein. Die Baumeister der einen Seite wissen nichts von denen der anderen. Trotzdem bauen sie einen ähnlichen Turm oder Bogen auf beiden Seiten der Platte, so daß die beiden Hälften aufeinander passen, wenn man nun die Platte herauszieht.

Nach alledem können wir dem Schluß nicht ausweichen, daß irgendwo ein vorgefaßter Plan vorhanden sein muß, den die Termiten lediglich ausführen. Wo ist aber nun die Seele, in der dieser Plan lebendig ist? Das ist das Problem, dessen Lösung uns interessiert.

Dr. Bugnion antwortet, »Instinkt« sei die Wurzel ihres Tuns. Nun gut, aber wessen Instinkt? Will er wirklich behaupten, daß jeder winzige Arbeiter einen Teil dieses Planes in seiner kleinen Seele bewahrt? Das Experiment mit der Stahlplatte zeigt, daß diese Annahme ausscheidet. Und selbst wenn man beweisen könnte, daß jeder Arbeiter ein instinktives Wissen um Teile des Planes hätte, so würde die Grundfrage, wer denn den Plan entworfen habe, bestehen bleiben.

Woher empfängt also jeder Arbeiter das Richtmaß für seinen besonderen Anteil an dem allgemeinen Werk? Man kann das Experiment mit der Stahlplatte auch so variieren, daß man zu beiden Seiten senkrecht zu ihr den Spalt vergrößert. Auch dann bilden die Termiten zu beiden Seiten gleichgeformte Bauten. Dabei kann kein ererbter Instinkt im Spiele sein, denn im allgemeinen werden sehr verschiedene Bogenformen gebaut. An einem großen Termitenhügel sind oft ein Dutzend verschiedener Spannungsweiten der Bogen zu finden.

Diese Bogen gehören überhaupt zum Erstaunlichsten, was von den Termiten geleistet wird. Sie können nicht auf Rechnung des instinktiven Wissens der einzelnen Termite gesetzt werden. Wenn jede Art immer dieselbe Form bildete, denselben Turm, denselben Bogen, so könnten wir vielleicht daraus schließen, daß sie aus Instinkt oder ererbtem Wissen handeln, aber selbst dann würden noch Zweifel übrigbleiben.

Es mag naheliegen, sich vorzustellen, daß die Termite nach menschlicher Weise denkt und Schlüsse zieht. Doch wir wissen, daß ihre Wahrnehmungsfähigkeiten millionenmal feiner sind als die unseren. So bemerken sie z. B. bei nur ganz flüchtiger Berührung durch eine andere Termite, ob sie zu ihrem eigenen Nest gehört, und wenn dies der Fall ist, dann folgen sie ihrer Spur bei der Suche nach Nahrung mit unbeirrbarer Sicherheit. Aus der Beobachtung dieses Vorgangs ist die Theorie von dem »verständigen Verkehr« der Termiten untereinander entstanden, der auch Dr. Bugnion und selbst Forel noch anzuhängen scheinen. Durch Berührung können sie auch Angst und Aufregung eines Kameraden bemerken und können erfahren, von welcher Seite die Gefahr droht. Über unglaubliche Entfernungen hinweg vernehmen sie die Signale der Soldaten. Und das alles spüren sie, ohne ein sichtbares Sinnesorgan zu besitzen.

Wie kann man eine so geartete Psyche mit der Seele des Menschen vergleichen? Sieht man einen winzigen

Arbeiter ein kleines Sandkorn an der Mauer befestigen, die vielleicht ein massiver Turm von 40 bis 50 cm Höhe werden soll, millionenmal größer als er selbst, kann man dann auch nur für einen Augenblick glauben, daß dieser kleine Baumeister im menschlichen Sinne »weiß«, welches das Ergebnis seines Tuns sein wird? Wäre das wirklich so, dann würde seine Klugheit im Vergleich zu unserer eigenen die eines Gottes sein. Sicherlich ist »Instinkt« die Quelle seiner Leistung, wie Dr. Bugnion richtig bemerkt, aber es ist nicht der Instinkt des Arbeiters. Vielmehr ist es der Instinkt und der Plan einer besonderen Seele, die ihren Sitz außerhalb des einzelnen Arbeiters hat.

Wenn wir unser Experiment noch ein wenig weitertreiben, beginnt schon etwas Licht in unser Problem einzudringen.

Man zieht, während die Termiten an beiden Seiten der Stahlplatte ihr Ausbesserungswerk vollbringen, einen Graben bis zu der Zelle der Königin, doch so, daß das übrige Nest so wenig wie möglich zerstört wird. Dann nimmt man die Königin heraus und tötet sie. Im selben Moment wird die Arbeit auf beiden Seiten der Platte eingestellt werden. Dabei können wir sonst die Königin monatelang durch solch eine Platte von ihren Untertanen trennen – sie werden trotzdem ihr Werk systematisch fortsetzen, solange die Königin nur lebendig in ihrer Zelle ist. Sobald man aber die Königin vernichtet oder entfernt, ist es augenblicklich mit aller Geschäftigkeit zu Ende.

Befindet sich der betreffende Termitenhügel in der Nachbarschaft anderer Termitenhügel, so können wir noch weitere Tatsachen experimentell beweisen. Die Bewohner zweier Termitenhügel, die etwa einen Meter voneinander entfernt liegen, vermischen sich unbekümmert und ohne miteinander zu kämpfen. Legt man ein Stück Holz genau in die Mitte zwischen beide und besprengt man die Umgebung mit Wasser, so wird man nach dem Aufdecken der Gänge bemerken, daß die Insassen beider Nester das Stück Holz in Angriff nehmen. Man kann auch Arbeiter und Soldaten aus beiden Nestern miteinander austauschen und wird doch niemals bemerken, daß sie sich gegenseitig angreifen. Führt man dagegen diese Experimente mit zwei Termitenhügeln durch, die zwanzig oder dreißig Meter voneinander entfernt sind, dann werden die Fremden sofort überwältigt und getötet. Vernichtet man die Königin in einem der beiden nahe beieinander gelegenen Bauten, so stellen die Termiten, die ihre Königin verloren haben, ihre Arbeit ein und wandern in das benachbarte Nest aus, wo sie offenbar der dort beheimateten Königin einen Treueid schwören. Ist aber der nächste Termitenhügel weiter entfernt, so machen die verwaisten Termiten keinen Versuch, dorthin überzusiedeln, sondern gehen in ihrem alten Heim zugrunde.

Der Grund für dieses verschiedene Verhalten scheint mir folgender zu sein: Die geheimnisvolle Macht, die von der Königin ausgeht, wirkt nur innerhalb eines begrenzten Raumes. Jede einzelne Termite steht unter ihrem Einfluß. Liegen nun zwei Termitenhügel nahe beieinander, so erstreckt sich die Macht der Königin auf die Insassen beider Nester. Dieselbe psychische Kraft der Königin bewirkt auch, daß die aus ein und demselben Nest stammenden Termiten sich gegenseitig erkennen und sofort merken, wenn ein Fremder bei ihnen eindringen will.

Das folgende Kontrollexperiment kann meine These klar beweisen: Man nimmt Arbeiter und Soldaten aus einem Nest, versetzt sie in ein anderes, weit entfernt gelegenes, und überzeugt sich, daß sie angegriffen werden, indem man so lange wartet, bis sich die Aufregung über den Einbruch gelegt hat. Dann vernichtet man die Königin des ersten Nestes. Verpflanzt man nun noch weitere Termiten, nachdem ihre Königin tot ist, so werden sie anfangs zwar auch noch angegriffen werden. Wartet man aber ein bis zwei Tage mit dem Transport, so wird ihnen nichts Böses mehr angetan; sie werden in den anderen Staat aufgenommen.

Es scheint also, als hafte an den Arbeitern und Soldaten ein Etwas, das von ihrer Königin stammt. Nehmen wir an, es sei etwas dem Geruch Ähnliches, obwohl ich persönlich nicht glaube, daß es wirklich ein Geruch ist, sondern es für etwas viel Subtileres halte. Aber es vereinfacht die Sache, wenn wir es uns als eine Art Geruch vorstellen, obwohl es mit unseren menschlichen Sinnen überhaupt nicht erreichbar ist.

Wenn nun auch dieses Etwas, durch das die Königin mit ihren Untertanen in Verbindung steht, an gewisse räumliche Grenzen gebunden ist und sich nach ihrer Vernichtung in ein bis zwei Tagen verflüchtigt, so ist es doch, während sie lebt, stark genug, Erde, Felsen, ja sogar Metallplatten zu durchdringen.

Die Königin ist also der psychische Mittelpunkt ihres ganzen Staates, das Gehirn des Organismus, den wir »Termitenhügel« nennen, der Ursprung aller gemeinschaftlichen Tätigkeit der Soldaten und Arbeiter! Genau wie unser Gehirn die Funktion der Blutkörperchen beherrscht und dieses Gesamttier, das wir unseren Körper nennen, in Ordnung hält, so geht von diesem formlosen, bewegungslosen Gegenstand, der in ein enges Gewölbe eingesperrt ist, eine Macht aus, die alle Bewegungen des zusammengesetzten Tieres, Termitenhügel genannt, lenkt.

Dr. Bugnion hat diese psychologische Aufgabe der

Königin niemals entdeckt und sich lediglich auf die Betrachtung der sexuellen Funktion des Königs und der Königin beschränkt. Darum stößt er sich an allen möglichen Schwierigkeiten, die für mich gar nicht existieren, und die Erklärungen, zu denen er sich versteigt, sind oft geradezu lächerlich. Wenn er nur einmal wie ich Gelegenheit gehabt hätte, einen berufsmäßigen südafrikanischen Termitenjäger zu begleiten, würde er ohne Zweifel den wahren Sachverhalt entdeckt haben. Die Hauptschwierigkeit bestand für ihn in dem Problem, wie die Soldaten und Arbeiter zu ihren ererbten Instinkten kommen. Er fand dafür zwei mögliche Lösungen. Die erste beruhte auf der Tatsache, daß einige Forscher unter den geschlechtslosen Tieren ein paar entdeckt hatten, die Geschlechtsorgane besaßen. Dr. Bugnion nahm darum an, daß die geschlechtslosen Typen früher fortpflanzungsfähig gewesen sein müssen.

Er sagt dann weiter:

»Diese Tatsachen einmal zugestanden, müssen wir uns nur vorstellen, daß die Periode, in der die Verteidigungsmethoden ausgebildet wurden, mit dem Zeitraum zusammenfiel, in dem die Arbeiter und Soldaten noch fortpflanzungsfähig waren, um die erbmäßige Übertragung aller in Frage stehenden Fertigkeiten samt den sie bedingenden Instinkten plausibel zu machen.«

Wenn dem so wäre, dann müßten wir annehmen, daß die gegenwärtigen Königs- und Königinnentypen von den gegenwärtig geschlechtslosen Typen abstammen. Das kann aber nicht stimmen, vielmehr verhält es sich umgekehrt. Ich bin jedenfalls überzeugt, daß niemand fehlgehen wird, wenn er annimmt, die Termite sei ursprünglich ein einzelnes geflügeltes Insekt nach Art des Königs und der Königin gewesen, und die erste Gründung ihres Gemeinschaftslebens habe die körperliche Differenzierung in Arbeiter und Soldaten zur Folge gehabt. Mit dieser Veränderung bildeten sich neue Instinkte heraus. Daß Arbeiter Eier legen, kommt im ganzen sehr selten vor, ebenso selten wie das gelegentliche Auftreten zurückgebildeter Augen und Flügelknospen bei den Soldaten. Das alles sind Atavismen, die nur beweisen, daß die Termite einmal ein fortpflanzungsfähiges, geflügeltes Insekt gewesen ist. Nur soviel ist sicher, daß beides, die körperlichen Besonderheiten und die neuen Instinkte, durch die Königin übertragen werden, obwohl sie selbst die betreffenden Fähigkeiten nicht besitzt und auch nie besessen hat.

Dr. Bugnion beschäftigt sich noch mit einer anderen Frage: Wie kommt es, daß die Soldaten und Arbeiter nicht nur Instinkte haben, die ihre Eltern *nicht* besitzen, sondern daß andererseits gewisse Instinkte bei ihnen fehlen, die beim Elternpaar ausgebildet sind?

Die Erklärung, die Dr. Bugnion in diesem Zusammenhang gibt, ist einigermaßen überraschend. Er schreibt nämlich:

»Da die Arbeiter und Soldaten im Innern des Termitenbaues bis zu dem Augenblick des Schwärmens mit den geschlechtlich differenzierten Typen zusammenleben, so scheint es nicht vollkommen unglaubhaft zu sein (legt man einmal die Möglichkeit eines verständigen Verkehrs der Termiten untereinander zugrunde), daß sie während dieses Zusammenlebens gewisse ›Gedanken‹ ausgetauscht haben. Das Ergebnis wäre dann, daß die neuerworbenen Instinkte der Arbeiter und Soldaten Gemeingut des ganzen Staates geworden sind.«

Hätte Dr. Bugnion behauptet, einmal erlebt zu haben, daß ein Termitensoldat einem Walfisch das Leben gegeben habe, so würde das nicht so »vollkommen unglaubhaft« klingen wie die oben zitierte Behauptung. Die Arbeiter und Soldaten sollen der Königin von ihren Arbeiten und Plänen erzählen, sie soll sich dann dessen erinnern, was ihr gesagt worden ist, und dieses von ihr aufbewahrte Wissen den späteren Arbeitern und Soldaten übermitteln! Dr. Bugnion glaubt nämlich noch an die Möglichkeit eines »verständigen Verkehrs« zwischen den Termiten; er nennt das ihre »Fühlersprache«, aber dieses Märchen sollte längst in die Kinderstube verbannt sein, wohin es gehört.

Ich denke, es kann in dieser Sache nur eine einzige Meinung geben, die mit unserem Wissen von dem Verhalten der Termiten übereinstimmt: der einzelne Arbeiter oder Soldat besitzt überhaupt keine individuellen Instinkte. Er bildet nur einen Teil des Gesamtorganismus, dessen Mittelpunkt die Königin ist. Die Königin hat die Macht – man mag es Instinkt nennen, wenn man will –, die Soldaten und Arbeiter derart zu beeinflussen, daß sie imstande sind, ihre Gemeinschaftspflichten zu erfüllen. Diese Macht oder diesen Instinkt vererbt sie allen Königinnen, die von ihr zur Welt gebracht werden, ebenso wie sie ihnen die Fähigkeit übermittelt, drei so vollkommen verschiedene Formen von Insekten: Königin, Arbeiter und Soldaten, zur Welt zu bringen.

Bisweilen kommt Dr. Bugnion der Wahrheit sehr nahe, wenn er sagt:

»Die mannigfaltigen Pflichten, die vor unseren Augen von den Soldaten einerseits, von den Arbeitern andererseits erfüllt werden, erwecken in uns die Illusion einer höheren, lenkenden Macht, während diese in Wirklichkeit doch nicht existiert oder – sollte sie existieren – doch nur in dem Gemeinwesen als einem Ganzen ihren Sitz haben kann.«

Aber etwas später heißt es:

»Die männlichen und weiblichen Einzelwesen, die bei

den höheren Termitenarten Könige und Königinnen genannt werden, haben weder Befehlsgewalt oder überhaupt eine irgendwie geartete Macht. Sie bleiben in ihre Zelle eingeschlossen und wissen nichts von dem, was draußen geschieht. Unmöglich könnten sie aus der Tiefe ihres Gefängnisses heraus Befehle geben.« Da sieht man wieder, wie Dr. Bugnion fortwährend von den Termiten so redet, als hätten sie menschlichen Verstand, als könnten sie »wissen« und »Befehle geben«.

Dr. Bugnion denkt anthropomorphisch, wenn er annimmt, die Termiten seien imstande, miteinander zu »sprechen«, obwohl Berührung dazu notwendig sein soll; er weiß nichts von einem immateriellen Einfluß, der in der Entfernung wirksam ist. Hätte er sich nur einmal die Frage vorgelegt: Wie kann die Königin ihre Untertanen von ihrer unterirdischen Zelle aus überhaupt zusammenhalten? Millionen von Arbeitern und Soldaten kommen niemals mit ihr in Berührung, haben sie überhaupt nie gesehen, und doch erfolgt der Tod der ganzen Gemeinschaft, sobald sie getötet ist. Unsere Termitenjäger hier in Transvaal versuchen niemals, die Millionen von Arbeitern und Soldaten zu vernichten; sie haben es nur auf die Königin abgesehen. Für jede getötete Königin bekommen sie eine Belohnung von zwei Pfund. Jeder Beobachter, Dr. Bugnion ausgeschlossen, würde nicht umhin können, diese das Leben der Gemeinschaft bedingende Kraft der Königin wenigstens zu bemerken; bemerkte er sie aber, so würde ihm auch klar werden, daß sie noch andere als nur geschlechtliche Funktionen im Termitenhügel hat, nämlich psychische, an deren Ausübung sie weder ihre Verbannung in die unterirdische Tiefe, noch ihre Gefangenschaft dort unten in der engen Zelle hindern kann. Und von hier ist es dann nur noch ein Schritt zur Entdeckung ihrer übrigen psychischen Funktionen. Mit ebenso gutem Grunde, wie man die Fernwirkungen der Königin anzweifelt, könnte man fragen: Wie ist es möglich, daß ein Organ wie das Gehirn, eingeschlossen in ein dunkles Gehäuse, die Bewegungen der Blutkörperchen bis in die Zehen hinein lenken und von ihnen wissen kann?

Jetzt nur noch ein Wort zu Dr. Bugnions Erklärung über den Ursprung der Termiteninstinkte. Er sagt: »Der Ursprung der meisten dieser Instinkte ist eine überlegte und bewußte Handlung.« Mir fällt es schwer, zu glauben, daß solch eine Erklärung ernsthaft gemeint sein könnte. Was würde Dr. Bugnion zu Hunderten unserer südafrikanischen Wüstenpflanzen sagen, die weit entfernte Gegenstände durch ihr kluges Verhalten an sich ziehen?[1] Haben diese Pflanzen auch auf mensch-

[1] Es sind wohl insektenfangende Pflanzen gemeint.

liche Weise überlegt und nachgedacht und so eine Schwierigkeit nach der anderen überwunden, um schließlich all ihr erworbenes Wissen ihren Nachkommen zu vererben?

Diese ganze Auseinandersetzung wurde durch die wunderbare Veränderung veranlaßt, die im Termitenhügel stattfand, seit wir vor einigen Monaten der Königin beim Füttern ihrer Kleinen zusahen, und die wir nun bemerken, wenn wir ihre Zelle bloßlegen, um sie in ihrem gegenwärtigen Zustand zu beobachten. Es ist schwer, einem Laien klarzumachen, warum dieser Unterschied zwischen damals und heute für den Psychologen etwas so Erstaunliches hat.

Damals hatten wir ein ganz gewöhnliches Insekt vor Augen, das sich wie andere Insekten benahm – wenn man von den Geburtswehen und der daraus resultierenden Mutterliebe absieht. Werfen wir aber jetzt einen Blick auf sie, so bemerken wir eine neue Seele und einen neuen Körper. Die Königin hat ganz einfach aufgehört, ein Insekt zu sein. Was aber *ist* sie denn nun? Wo soll man sie einordnen? Der Biologe, der die Sache sorgfältig durchdenkt, wird die größten Schwierigkeiten bei der Klassifikation haben. Und was die Soldaten und Arbeiter angeht, so wird der Psychologe sie ebensowenig zu den Insekten rechnen können. Er muß jedes Lebewesen gemäß seinem Verhalten klassifizieren, aber die Arbeiter und Soldaten, die keine Spur von einer individuellen Psyche besitzen, passen in keine der bekannten Kategorien. Wieder werden wir an die Fee im Märchen erinnert; sie bewegt ihre Hand, und der Kürbis verwandelt sich in eine Kutsche und die Maus in stampfende Rosse.

Ist es nun aber wirklich so schwer, sich eine Vorstellung von der allgemeinen Richtung zu bilden, die die Entwicklung im Termitenhügel genommen hat? Jedenfalls scheint es mir unnötig, Gründe dafür anzugeben, die einem Wunder gleichkämen, wie Dr. Bugnion es getan hat; d. h. es ist unnötig, anzunehmen, daß die Termiten imstande seien, nach menschlicher Weise zu sprechen, zu denken und zu handeln!

Man sollte meinen, ein Beobachter müßte im allgemeinen zuerst auf die einfachste Erklärung verfallen, aber Dr. Bugnions Darlegungen zeigen, daß das nicht immer der Fall ist. Seine beiden Theorien gründen sich auf die Annahme, daß die Termiten eine Art kleiner menschlicher Wesen seien, denen ein »Gedankenaustausch« möglich ist. Die Königin, so meint er, geht, ehe sie ihren Hochzeitsflug unternimmt, im Nest umher, beobachtet die Arbeiter und Soldaten bei ihrem Tun und unterhält sich mit ihnen. Und nun wird es immer schwieriger, Dr. Bugnion zu folgen. Es scheint, als glaube er, daß die Königin die Lektion, die sie von den Arbeitern und Soldaten gelernt hat, behält und, obwohl sie selbst nie an den Arbeiten teilnimmt, obwohl sie keine Spur der spezialisierten Instinkte ihrer Untertanen zeigt, das, was sie von ihnen erfahren hat, ihren Nachkommen übermittelt. Nach Dr. Bugnion gelingt der Königin etwas, was dem Menschen unmöglich ist: der Mensch vermag nicht eine einzige erworbene Erinnerung seinen Nachkommen zu vererben; der Sohn eines Mathematikers wird nicht mit der Multiplikationstabelle im Kopf geboren.

Die ganze Theorie klingt zu sehr nach Zauberei, um ernstgenommen zu werden, und Dr. Bugnion bewegt sich hier offensichtlich auf unsicherem Boden. Nicht eine einzige Tatsache in der ganzen Natur oder in der Lebensgeschichte der Termiten rechtfertigt seine Auffassung. Sie muß auf reiner Eingebung beruhen. Eine Schwierigkeit vor allem hat Dr. Bugnion nie in Betracht gezogen, jedenfalls hat er sie nicht ein einziges Mal erwähnt: Angenommen, er hätte recht damit, daß die Königin in der angegebenen Weise ihr erworbenes Wissen auf ihre Nachkommen vererbt, so bleibt doch unerklärt, daß sie zwei ganz verschiedenen Arten von Insekten das Leben gibt, die ihr alle beide so wenig ähnlich sehen wie ein Skorpion einem Schmetterling. Das kann nicht auf der Lektion beruhen, die sie von den Soldaten und Arbeitern gelernt hat. Warum gibt sie nur an zwei Arten ihrer Kinder die speziellen Instinkte weiter, während die dritte Art, die zukünftigen Königinnen, nichts davon abbekommen? Dieser letzte Typ erbt die körperliche Gestalt und alle Instinkte der Mutter, dafür aber keinen einzigen Instinkt der Arbeiter und Soldaten. Nein – diese Theorie trifft ganz bestimmt nicht das Richtige.

Nach Dr. Bugnions zweiter Annahme sind die Soldaten und Arbeiter in früheren Zeiten fortpflanzungsfähig gewesen, so daß die gegenwärtigen Typen von ihnen abstammen. Ich habe aber bereits gezeigt, daß diese Anschauung die wahren Verhältnisse auf den Kopf stellt und darum nicht festgehalten werden kann. Außerdem bleibt auch hier die Schwierigkeit zu erklären, daß die Königin ihre teils ererbten, teils erworbenen Erinnerungen unter die drei Typen ihrer Nachkommenschaft in der beschriebenen ungleichen Weise verteilt.

Vergleichen wir nun all diese Theorien mit meiner eigenen Auffassung: Ich glaube, daß die Termite ursprünglich ein einzelnes, geflügeltes Insekt gewesen ist, das allen möglichen Gefahren ausgesetzt war. Um ihre Eier und ihre Jungen vor Gefahr zu bewahren, suchte sie Schutz in einem unterirdischen Unterschlupf. Hier kam sie – wie die Biene Halictus – in Berührung mit ihren ausgeschlüpften Jungen. Das war der Anfang des Gemeinschaftslebens in einem Termitenhügel.

Es hat sich dann weiter eine Arbeitsteilung herausgebildet, die sich für die Gesamtheit als förderlich erwies. Einige der Insekten übernahmen den Hausbau und die Nahrungsbeschaffung, andere die Verteidigung. Man denke nur an die Geschichte der Siphonophore, die ich in einem früheren Kapitel erwähnte. Diejenigen Königinnen, die die Tendenz hatten, drei verschiedene Typen von Termiten hervorbringen, hatten mehr Chancen im Kampf ums Dasein. Die natürliche Auslese wirkte so nach zwei Richtungen. Je näher die Arbeiter und Soldaten dem gegenwärtig erreichten Zustand kamen, um so gesicherter war das gemeinschaftliche Leben. Darum verhalf die natürliche Auslese dem Königinnentyp zum Siege, der drei verschiedene Klassen von Insekten zur Welt bringen konnte. Schließlich wurde ein Königs- und Königinnentyp ausgewählt, der nicht nur diese drei Arten hervorbrachte, sondern auch die psychische Macht besaß, das ganze Gemeinwesen zu beeinflussen und die individuellen Instinkte der Arbeiter und Soldaten überflüssig zu machen.

Es ist leicht einzusehen, daß es für das Gemeinschaftsleben von Vorteil war, wenn der Geschlechtssinn in den Einzelwesen vernichtet wurde. Die Sexualität ist ja auch bei den spezifischen Geschlechtstieren (den zukünftigen Königen und Königinnen) während ihres Aufenthaltes im Termitenhügel vor ihrem Ausflug nicht wirksam. Sie würde in solch einem Gemeinschaftsdasein nur störend wirken, da alle Verteidigungs- und sonstige Arbeit dadurch zeitweise unterbunden würde. Die Arbeiter und Soldaten mußten, um möglichst gute und ununterbrochene Arbeit leisten zu können, zu bloßen Automaten werden, die der psychischen Macht der Königin unterstehen. Aus demselben Grunde verloren sie ihre Augen und alle übrigen Sinne, die sonst zu einer individuellen Psyche gehören. Sie erben darum auch keine besonderen Instinkte von ihren Eltern, wohl aber erbt die Königin die Fähigkeit, den Automaten, die für sie arbeiten, den Anschein solcher Instinkte zu übermitteln.

Die Wasserzufuhr

In vielen Gegenden der Erde ist die Lebensweise der Termiten studiert worden, und doch sind allen Beobachtern zwei wichtige Dinge entgangen: kein einziger von ihnen hat die psychischen Funktionen der Königin bemerkt, und – was mich fast noch mehr in Erstaunen versetzt – es ist auch niemals jemand darauf verfallen, sich über das Geheimnis der ständigen Wasserzufuhr in einem Termitenhügel Gedanken zu machen.

Der Franzose M. Barthellier hat die Termiten in Indochina studiert, in Gegenden also, die ebenso trocken sind wie das Gebiet um Waterberg. Ein Engländer, Carpenter, hat langjährige Termitenstudien in Britisch-Ostafrika betrieben; Maxwell le Roy in Indien; Prell, ein Deutscher, in Deutsch-Ostafrika; die Belgier Hegh und Ghesguière am Kongo, Hill in Australien und viele andere in Teilen von Nord- und Südamerika. Die gesammelten Werke dieser und mancher anderer Forscher würden eine ganze Bibliothek füllen. Doch keiner von ihnen hat auf die beiden folgenden Fragen eine Antwort zu geben versucht:

1. Warum hört das gemeinschaftliche Leben im Termitenbau auf, sobald die Königin vernichtet wird?
2. Wo bekommen die Termiten das viele Wasser her?

Man hat, wie es scheint, die bloßen Tatsachen nicht einmal bemerkt: die niemals, auch in Zeiten der größten Trockenheit nicht aufhörende Wasserzufuhr und das durch den Tod der Königin gänzlich veränderte Verhalten der Termiten. Übersieht man beide Fakten, so tauchen natürlich auch die damit zusammenhängenden Probleme überhaupt nicht auf, und Untersuchungen in dieser Richtung werden dann gar nicht erst angestellt.

Ich möchte nun im folgenden erzählen, was ich im Hinblick auf die Wasserzufuhr bei den Termiten beobachtet habe.

Durch reinen Zufall hatte ich Gelegenheit, monatelang Zeuge eines fürchterlichen Kampfes zu sein – es war wirklich ein Kampf auf Leben und Tod –, der vor meinen Augen wie ein Film auf der Leinwand abrollte. Es geschah während der heftigsten Dürre, von der Waterberg seit Menschengedenken heimgesucht worden war, durch die auf der Farm Rietfontein 1638 – dem Ort meiner Beobachtungen – ein sechzig Jahre alter Orangenhain nach und nach vollkommen vernichtet wurde. Viele Zeichen deuteten darauf hin, daß damit der Höhepunkt einer Trockenperiode erreicht war, während der seit über dreihundert Jahren der Wassermangel langsam, aber ständig zugenommen hatte.

Dicht hinter dem Wohnhaus von Rietfontein zieht sich eine Hügelreihe hin, welche die ganze Farm in zwei Hälften teilt. Auf diesen Höhen befand sich damals eine große Zahl von Termitenfestungen, von denen viele schon seit längerer Zeit eingegangen waren; andere aber blieben auch in den schlimmsten Zeiten der Dürre lebendig und unversehrt. Ich hatte schon früher oft darüber nachgedacht, wo die Termiten wohl das für sie notwendige Wasser herbekämen; nun aber schien mir das Problem rätselhafter denn je. Die ganze Atmosphäre war so trocken, daß selbst des Nachts nicht die leiseste Spur von Tau zu bemerken war.

Die Farm war überall von Kanälen und Gräben durchzogen; man konnte daher leicht feststellen, daß in der Erde – auch in der Nähe der Hügel – bis zu einer Tiefe von 13 Metern kein Wasser zu finden war. Um das Rätsel zu ergründen, brachen wir in wirklich harter Arbeit zwei der auf den Höhen gelegenen Termitenhügel auf. Dabei fanden wir in dem einen eine fast zweieinhalb Meter lange Kobra[1], die uns mit ihrem Gift überschüttete; sie spritzte es uns mitten ins Ge-

[1] Der „Ringhals", wie die Buren diese Schlange nennen, Naja nigricollis, hat die Fähigkeit, ihr Gift nahezu zwei Meter weit zu spritzen. Sie zielt immer nach den Augen und hat dabei eine erstaunliche Treffsicherheit.

sicht, doch blieben glücklicherweise die Augen verschont.

In beiden Termitenhügeln lag die Königinnenzelle fast zwei Meter unter der Erdoberfläche und war so hart wie Stein. Trotzdem war nicht nur in ihrem Innern, sondern auch in den Pilzgärten Feuchtigkeit zu spüren. Die Temperatur in der Zelle übertraf die normale Blutwärme des Menschen um zwei Grad. Alle Gänge waren von Wasserdampf durchzogen. Die Königin und ihre Untertanen schienen vollkommen wohlauf zu sein. Ungewöhnlich war nur, daß die Gärten in der Nähe der Königinnenzelle vertrocknet waren.

Wo bekamen die Termiten das Wasser her? Ich muß gestehen, daß ich zeitweise die Überzeugung hegte, sie könnten auf irgendeine Weise aus Sauerstoff und Wasserstoff Wasser fabrizieren; wie aber gelangten sie dann in den Besitz von Wasserstoff? Jedoch bringen diese Tiere so viele wunderbare Dinge fertig, daß ich ihnen auch dies Kunststück zutraute; es schien die einzig mögliche Lösung.

Einen ersten Fingerzeig, wie es sich wirklich damit verhält, gab mir Mr. Jan Wessel Wessels, der unter den praktischen Naturforschern zu den tüchtigsten gehört. Er erzählte mir, daß er während seines Aufenthaltes im Betschuanenland zweimal in einer Mauer vertikale Kanäle entdeckt habe, die von Termiten in eine unglaubhafte Tiefe geführt worden seien. Trotzdem fiel es mir schwer zu glauben, daß dies des Rätsels Lösung sein sollte. Hier, in Rietfontein, hätten die Termiten von der Höhe der Hügel aus in eine Tiefe von mindestens 30 Metern vorstoßen müssen, um Wasser zu finden. Nur die überall bekannte und von niemand angezweifelte Vertrauenswürdigkeit Mr. Wessels' bewog mich, seine Erklärung anzunehmen, obwohl alle Versuche, den Anfang eines solchen Kanals in den von uns aufgebrochenen Termitenhügeln zu finden, zunächst erfolglos blieben (später entdeckten wir dann die Ursache dieses Mißerfolgs). Schließlich hatte ich es dem bloßen Zufall zu verdanken, daß ich selbst in die Lage kam, den ganzen Apparat der Wasserzufuhr in einem Termitenbau in Funktion zu beobachten.

In dieser schrecklichen Dürre waren es ja nicht nur die Termiten, die verzweifelt nach Wasser suchten, sondern auch wir Menschen. Nun war es auffallend, daß auf der Höhe der vorerwähnten Hügel sich eine Stelle mit grünem Buschwerk frisch erhalten hatte, die angenehm gegen das ausgedörrte Feld ringsum kontrastierte. Wir meinten nun, hier müsse Wasser zu finden sein, und unsere Annahme wurde von einem Rutengänger bestätigt. Man begann also eine viereckige Grube in der Mitte der grünen Stelle auszuheben. Als man ungefähr 12 Meter tief gekommen war, teilten mir die Arbeiter mit, daß in der Nordwand ein bis zum Boden der Grube verlaufender Termitengang sichtbar geworden sei, und ich ging sofort hin, um diese erstaunliche Tatsache im einzelnen gründlich zu untersuchen.

Das erste, was ich entdeckte, war, daß der Termitenhügel, zu dem dieser Gang gehörte, wenigstens neun Meter von der Grube entfernt war. Ich legte darauf den ganzen Tunnel bloß und ebenso die der Königinnenzelle am nächsten gelegenen Pilzgärten, bedeckte sie dann wieder mit Holz, um von Zeit zu Zeit einen Blick hineinwerfen zu können. Es zeigte sich weiter, daß der Aquädukt nicht unmittelbar von dem Nest aus, sondern erst am Ende eines langen horizontalen Ganges senkrecht in die Erde gegraben war. Aus diesem Grunde hatten wir ihn nicht entdeckt, als wir den Termitenhügel aufbrachen.

Ich hätte, bei richtigem Überlegen, übrigens schon auf das Vorhandensein eines solchen Schachtes schließen können, ohne ihn tatsächlich gesehen zu haben, denn mir war schon vorher aufgefallen, daß die Termiten, wenn der Boden feucht ist, jeden Schaden an der äußeren Kruste des Baues sofort ausbessern, während es in trockenen Zeiten Stunden, ja manchmal Tage dauert, bis sie an der Einbruchsstelle erscheinen. Kein Wunder, wenn jeder kleine Maurer seinen Mörtel erst durch meterlange Gänge heranschleppen muß. Aber auf diese Erklärung war ich nicht gekommen; ich hatte einfach nicht daran gedacht!

Noch etwas schien an dem vertikalen Schacht bemerkenswert zu sein: in der Richtung von Norden nach Süden wies der Schacht keinerlei Krümmungen auf, während er in der Richtung von Osten nach Westen viele überflüssige Windungen machte; daher konnte

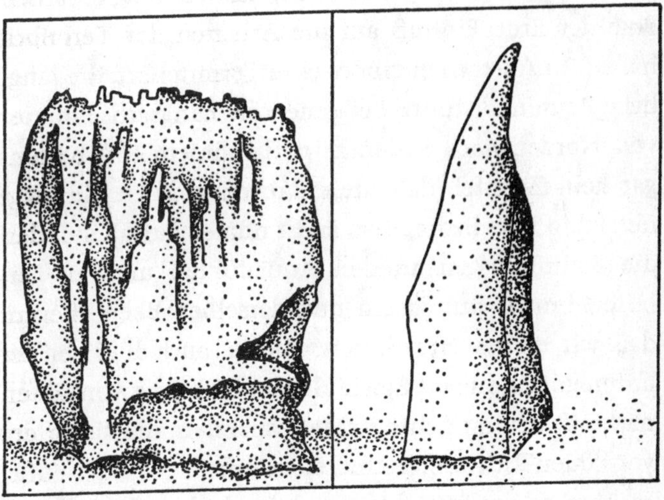

Bau der Kompaß-Termiten (Australien; Schema) · Links aus Ost-West-Richtung, rechts aus Nord-Süd-Richtung betrachtet.

man ihn an der Nordwand der Grube in seiner ganzen Länge verfolgen. Daß die vertikale Richtung in ein und derselben Ebene verlief, bedeutete natürlich eine große Arbeitsersparnis; aber warum hatten die Termiten ihr Bohrloch nicht vollkommen vertikal in die Tiefe geführt? Ihre Methode erschien mir wieder einmal, wie schon so oft, beinahe, aber doch nicht ganz vollkommen zu sein. So klug wie sie manchmal sind, so dumm benehmen sie sich bei anderen Gelegenheiten.

Es ist nun nicht ausgeschlossen, daß die magnetischen Pole der Erde Einfluß auf die Arbeiten der Termiten haben. In Australien gibt es eine Termitenart, die längliche Bauten ausführt, bei denen die Längsachse immer von Norden nach Süden zeigt. In diesem Fall besteht gar kein Zweifel, daß diese Bauweise durch die magnetischen Pole bedingt ist. Es ist nun so auffallend, daß die Krümmungen an den Aquädukten unserer Termiten immer nur in ein und derselben Ebene liegen, daß wir einmal annehmen wollen, auch hier sei der Erdmagnetismus im Spiele. In der Richtung von Osten nach Westen ist keine Kraft vorhanden, die sie in der vertikalen Richtung festhalten könnte.

In Abständen von 60 bis 90 cm wurde der Schacht durch kleine weiße Flecken, d.h. ausgetrocknete und unbepflanzte Gartenanlagen, unterbrochen. Man darf dabei nicht außer acht lassen, daß ich wahrscheinlich nur die Hälfte des ganzen Schachtes zu Gesicht bekam, denn in einer Tiefe von etwa 13 Metern wurde die Grabung aufgegeben, weil selbst dort noch der Boden knochentrocken war, während der Rutengänger erwartet hatte, schon bei etwa acht Meter Tiefe auf reichlich Wasser zu stoßen. Die Entfernung vom Nest bis zum Boden der Grube betrug 20 Meter, und hier verlor sich der Schacht in der Erde. Ohne Zweifel lagen die frischerhaltenen Gärten tiefer und näher am Grundwasser. Ich beobachtete dann die aus dem Schacht hervorkommenden Arbeiter mit dem Vergrößerungsglas und konnte bemerken, daß sie alle Hyphen, also saatreifen Pilzsamen, mit sich schleppten. Alles in allem kam ich zu folgenden Schlüssen:

1. Der Termitenstaat kann während einer so schrecklichen Dürreperiode nicht einen einzigen Tag ohne Wasserzufuhr auskommen.

2. Der von uns aufgedeckte Schacht muß der einzige sein, durch den Wasser herbeigeschafft werden kann, denn selbst für so rastlose Arbeiter, wie die Termiten es sind, wird es wohl Jahre dauern, bis sie in eine solche Tiefe gelangen.

3. Sie sind gezwungen, diesen Schacht, nachdem er offengelegt worden ist, trotz ihrer heftigen Abneigung gegen das Licht weiterhin zu benutzen.

Einen neuen Schacht zu bauen, wäre unmöglich gewesen; hier aber, in diesem aufgedeckten, gab es keine Möglichkeit, Schutz vor dem Licht zu finden, darum mußte Eile, Eile und noch einmal Eile der Schlachtruf der Termiten in diesem fürchterlichen Kampf sein, in dem sie sich befanden.

Es zeigte sich, daß alle meine Schlüsse richtig gewesen waren – eines der wenigen Male, wo man etwas hatte richtig prophezeien können! So bot sich mir nun also Gelegenheit, monatelang den Existenzkampf der Termiten ums Dasein zu beobachten, und ich konnte Schritt für Schritt verfolgen, was geschah. Ich besuchte den Schacht zu allen Tages- und Nachtzeiten, vom Untergang bis zum Aufgang der Sonne, doch niemals habe ich eine Unterbrechung oder auch nur ein Langsamerwerden der unermüdlichen Arbeit darin bemerkt. Einmal zeichnete ich einige Arbeiter mit Anilin-Blau und konnte feststellen, daß sie nie – weder bei Tage noch bei Nacht – ausruhten oder schliefen, daß dieselben Arbeiter Tag und Nacht geschäftig auf und nieder kletterten.

Ich muß betonen, daß ich anfänglich keine Hast oder Aufregung bei ihnen bemerkte. Dieser Eindruck veränderte sich dann allerdings im Laufe der Zeit sehr deutlich. Zwei Ströme von Arbeitern bewegten sich unablässig – im Gänsemarsch, mit etwa 6 cm Abstand – aneinander vorbei, der rechte der Tiefe zu, der linke in entgegengesetzter Richtung nach oben, und diese Ordnung wurde auch bis zuletzt beibehalten.

Da ich einige Arbeiter gezeichnet hatte, konnte ich feststellen, wieviel Zeit sie brauchten, um vom Ende des Schachtes bis zum Nest zu gelangen, anfangs ließen sie sich eine halbe Stunde Zeit; später legten sie den Weg in zwanzig Minuten zurück.

Allmählich veränderte sich der Charakter ihrer Tätigkeit. Der Strom der Arbeiter im Aquädukt verdichtete sich langsam, und das ganze Treiben erweckte den Eindruck größter Aufregung, ja Bestürzung unter den Termiten. Es dauerte lange Zeit, bis ich die Ursache dieses Wandels entdeckte. Ich sah wohl, daß sie mit etwas beschäftigt waren, das ihre Energie und Widerstandskraft aufs äußerste anspannte, konnte aber nicht erkennen, worum es ging. Alle Ausbesserungsarbeiten hörten auf. Es wurde kein Versuch mehr gemacht, den Schacht zu bedecken. Ein Einbruch in den Bau wurde überhaupt nicht beachtet; erst nach acht bis zehn Tagen erschien ein dünner Kordon von Soldaten am Rande der Wunde, und darauf wurden dann vereinzelte Versuche von seiten der Arbeiter gemacht, den Schaden auszubessern. Das dafür nötige Material schleppten sie aus der Tiefe des Schachtes herbei.

Ich folgerte daraus, daß alle Unruhe und die Beschleunigung der Arbeit der Königinnenzelle gelten müsse und den Zweck habe, die Königin, die Soldaten und die Larven mit Wasser zu versorgen, denn ich wußte ja, daß die Königin eigentlich nur ein Sack voll Flüssigkeit ist; daß sie durchschnittlich in vierundzwanzig Stunden 50000 Eier legt und daß sie, um diese Funktion erfüllen zu können, ununterbrochene und reichliche Wasserzufuhr braucht. Und nicht nur sie, sondern auch alle übrigen Bewohner des Baues. Denn deren Körper bestehen ebenfalls zu neunzig Prozent aus Wasser.

Aber die Notwendigkeit, die lebenden Termiten mit Wasser zu versorgen, war nicht der einzige Grund für die plötzliche Hast. Als ich die äußeren Gärten bloßlegte, bemerkte ich, daß das Hauptgedränge auf einer Linie, die in der Mitte der Gärten verlief, festzustellen war. Ich hatte vergessen, daß diese Gärten für den König und die Königin, die Larven und Soldaten genauso lebensnotwendig sind wie die Wasserzufuhr, denn die Gärten stellen ja, wie ich früher erklärt habe, die Verdauungsorgane dar. Funktionieren diese nicht richtig, so könnte das ganze Gemeinwesen auch nicht einen Tag lang existieren.

Alle die eben erwähnten Termitentypen sind vollkommen von den Gärten abhängig, denn nur die Arbeiter können Nahrung, die noch nicht von den Gärten »verdaut« worden ist, vertragen. Die Gärten sind der Magen und die Leber des zusammengesetzten Tieres, die Arbeiter der Mund und die Zähne.

Lange und sorgfältige Beobachtungen waren nötig, bis ich verstand, was dieses ungeheure Zusammenströmen der Termiten bei den Gärten bedeutete. Schließlich bemerkte ich, daß alle Gärten außerhalb der am dichtesten von Termiten besetzten Linie vertrocknet waren und daß dieser Gartentod sich immer weiter nach innen bewegte. Auf der Linie, die die toten von den lebenden Gärten trennte, war die größte Konzentration in der Geschäftigkeit der Termiten zu bemerken.

Sie nahm schließlich den Charakter eines regelrechten Angriffs an, der mit einer solchen Energie ausgeführt wurde, daß die Arbeiter und Soldaten sich keine Sekunde Ruhe gönnen konnten. Es war ein mit äußerster Kraftanstrengung geführter Kampf gegen das langsame Näherrücken des Todes.

Die Arbeiter hatten in diesem Kampf die Aufgabe, um die noch lebenden Gärten herum neue Hyphen zu pflanzen und zu bewässern. Jeder kleine Same, jeder Tropfen Flüssigkeit mußte dazu 30 Meter weit aus der Tiefe geholt werden. 20 Meter dieser Strecke konnte ich überblicken. Während der Nacht gewannen die Verteidiger an Boden, da in den kühleren Stunden die Verdunstung am schwächsten ist und sich die Grenzlinie zwischen Leben und Tod um ein bis zwei Zentimeter zugunsten des Lebens verschob. Aber in der Tageshitze drückte der Feind wieder schwer gegen die Grenzen vor und gewann das ihm abgewonnene Terrain zurück.

Es geschah in der Nacht, in den Stunden, in denen sonst die Natur in tiefster Ruhe liegt, daß die Wut des Kampfes sich bis zur Raserei steigerte. Deutlich konnte ich den unaufhörlichen Alarmruf der Soldaten hören, einen Ton, der auch in mir ein Gefühl der Angst erweckte. Meine elektrische Lampe enthüllte mir den ruhelosen Termitenstrom, der sich unablässig auf und ab bewegte, so sicher und unabänderlich wie das Schicksal selbst. Nichts konnte die Tiere von ihrem Ziel ablenken, kein äußerer Schrecken sie in ihrer Tätigkeit beirren. Der Tod Tausender machte auf die anderen nicht den geringsten Eindruck.

Schwach und undeutlich dämmerte mir da auf, was der Kampf ums Dasein in der Natur im Grunde bedeutet.

Die ersten Architekten

Ich denke, jeder, der sich einmal mit den Termiten und ihren Lebensgewohnheiten befaßt hat, wird angesichts der Kühnheit ihrer Bauten und technischen Leistungen früher oder später in Erstaunen geraten sein. Die mächtigsten Gebäude, die der Mensch auf dieser Erde errichtet hat: die Pyramiden Ägyptens, die Londoner Untergrundbahn, New Yorks Wolkenkratzer, der Simplontunnel, die höchsten Kathedralen, die längsten Brücken verhalten sich zu den Termitenbauten wie Maulwurfshügel zu Bergriesen, wenn man die Größe ihrer Erbauer bedenkt.

Wilhelm Bölsche hat in seinem Buch »Der Termitenstaat« einige Berechnungen angestellt, um zu zeigen, wie sich menschliche Leistungen zu denen der Termiten verhalten. Im Verhältnis zu seiner Größe müßte der Mensch ein Bauwerk von der Höhe des Matterhorns – d. h. etwa 4500 Meter hoch – errichten, damit es einem Termitenturm von 12 Meter Höhe, wie sie in Afrika oft gefunden werden, entspräche.

Es ist aber nicht allein die Größe ihrer Hügel, die den Betrachter in Erstaunen setzt, sondern ebenso die geradezu unwahrscheinliche Ausdehnung ihrer unterirdischen Anlagen. Von den vertikalen Bohrlöchern habe ich schon ausführlich gesprochen, diesen Ingenieur-Kunststücken, die sie, in ihrem unaufhörlichen Kampf gegen die Trockenheit, auszuführen gezwungen sind. Auf ihrer beständigen Suche nach Wasser durchdringen sie die Erde und tragen dann Tropfen für Tropfen hinauf, um ihr Gemeinwesen am Leben zu erhalten. Die wirkliche Tiefe dieser Schächte kennen wir nicht; der von mir erwähnte war tiefer – um wieviel ist unmöglich abzuschätzen – als 20 Meter.

Ich möchte jetzt noch einiges von den Termitenbauten erzählen, die ich vor einigen Jahren auf einer Reise durch das Tal des Limpopo und das Lowveld von Zoutpansberg gesehen habe.

Auf dieser Reise bekam ich eigentlich erst einen richtigen Eindruck von dem erstaunlichen Bautalent der Termiten. Vermutlich hat jeder, der sich für diese Tiere interessiert, einmal etwas über die ungeheuren Bauten, die in den tropischen Gegenden von Afrika zu finden sind, gelesen oder vielleicht auch Photos davon gesehen. Im Lowveld von Zoutpansberg sah ich einige solcher Giganten, aber sie bildeten durchaus keine Ausnahme; in Teilen des Limpopotales gehören sie als etwas ganz

Alltägliches zum Gesicht der Landschaft. Einer meiner Freunde, der Ingenieur Norman Hugel, hat einmal sehr sorgfältig das Gewicht eines solchen Kolosses gemessen und ausgerechnet, daß er aus 11750 Tonnen Erde bestand. Und dabei war dieser ungeheure Termitenhügel von der kleinen Eutermes gebaut worden! Es erscheint beinahe unvorstellbar: 11750 Tonnen sind Korn für Korn aufeinandergetürmt worden! Die Eutermes benutzen niemals Lehm, sondern immer nur mikroskopisch kleine Sandkörnchen als Baumaterial. Jedes einzelne Korn wird zuerst sauber geputzt und poliert, ehe es mit der klebrigen Flüssigkeit bedeckt und dann sorgfältig an der richtigen Stelle eingefügt wird. So haben die Termiten, ein Körnchen auf das andere legend, ein Bauwerk aufgeführt, das 11750 Tonnen schwer ist! Man könnte sich denken, daß Tausende von Jahren nötig wären, um es zu vollenden, aber es ist vollkommen hoffnungslos, die tatsächlich gebrauchte Zeit abschätzen zu wollen. Jahrhunderte hat es sicher gedauert. Beim Anblick dieser Bauten habe ich mir über ein weiteres Problem Gedanken gemacht, das, soviel ich mich erinnere, von anderen Beobachtern niemals erwähnt worden ist: Woher stammen diese ungeheuren Erdmassen? Man sollte meinen, unter einem so großen Erdhöcker müsse sich eine entsprechend große Höhle befinden, weil doch feststeht, daß das ganze Baumaterial von unten heraufgebracht wird. Aber nie habe ich eine Spur von einer solchen Höhlung gefunden, obwohl viele dieser Giganten in den verschiedensten Teilen Afrikas beim Anlegen von Straßen oder Eisenbahnlinien, bei Haus- oder Dammbauten, beim Bau von Flugplätzen und anderen Anlagen, die die menschliche Zivilisation mit sich bringt, aufgeschnitten oder sogar vollständig zerstört worden sind.

So wurden z. B. beim Einebnen des Flugplatzes in Bulawayo allein zwanzigtausend Tonnen »Ameisenhaufen-Erde« fortgeschafft. In allen diesen Fällen, besonders da, wo es sich um Eisenbahnstrecken, Dämme oder andere Bauten mit schwerem Gewicht handelt, wird der Boden, nachdem man den Termitenhügel entfernt hat, jeweils sorgfältig nach unterirdischen Höhlungen abgesucht; aber niemals hat man welche gefunden, die ihrer Größe nach dem an der Oberfläche befindlichen Bau entsprochen hätten. Trotzdem wissen wir ganz sicher, daß alles Baumaterial der Termitenhügel aus der Erde stammen muß.

Wir kommen dem Rätsel aber vielleicht auf die Spur, wenn wir uns an die verborgene Wasserquelle der Termiten erinnern, die ich durch Zufall entdeckte, nachdem ich lange Jahre geglaubt hatte, die Termiten könnten aus Sauerstoff und Wasserstoff Wasser fabrizieren, um ihren unglaublichen Bedarf an Flüssigkeit zu decken.

Heute scheint mir, daß diese riesenhaften Termitenhügel, die auffallenderweise nicht unterhöhlt sind, mich bei einigem Nachdenken auf den wirklichen Sachverhalt hätten bringen müssen.

Man bedenke: Millionen Liter von Wasser sind nötig, um diese Bauten auszuführen, und weitere ungeheure Mengen werden als Nahrung für die Termiten selbst und den ganzen Haushalt der weitläufigen Anlage gebraucht. Es muß ein beträchtlicher Strom von Feuchtigkeit Tag und Nacht in das Nest fließen, um das Gemeinwesen am Leben zu erhalten. Ergibt sich die Erklärung da nicht von selbst? Beides, das Wasser sowohl als auch das Baumaterial, stammen aus den unzähligen winzigen Kanälen, die die Erde durchziehen und die, während der Termitenhügel wächst und der Wasserbedarf ständig größer wird, von den Termiten immer weiter ausgebaut werden.

Ein anderes Mal fand ich ein felsiges »Kopje«, einen Hügel im Sabie-Tal, der aus einem einzigen großen Termitenbau bestand und von den sehr gefürchteten Macrotermes bellicosus, den kämpfenden Termiten, bewohnt war. Der Biß der blutdürstigen Soldaten dieser Termitenart geht tief genug, um heftiges Bluten zu verursachen. Ich nahm einen Soldaten mit nach Pretoria und konnte ihn eine Woche lang am Leben erhalten. Er war imstande, das Holz einer Streichholzschachtel zu durchbeißen, daß es nur so knackte und man das Geräusch einige Meter weit hörte.

Dieser Termitenhügel, der ein ganzes Kopje einnahm, machte mir einiges Kopfzerbrechen. Nicht einen Augenblick lang kam mir der Gedanke, daß die riesigen Felsblöcke auf seinem Gipfel von den Termiten aufgehäuft sein könnten. Zwar hatte ich in Pelindaba hoch oben auf Eutermes-Hügeln Steine mit einem Gewicht von zehn und zwölf Pfund gefunden, die nur durch die Arbeit der Termiten an die Spitze ihrer Hügel gelangt sein konnten, aber auf diesem Kopje gab es Felsen, die hundert Tonnen Gewicht hatten. Jeder Zentimeter Boden zwischen und unter den Felsen bestand aus dem Kieselgefüge der Macrotermes bellicosus. Es bleibt keine andere Erklärung übrig, als daß die Termiten erst nach und nach die zwischen und unter den Felsen befindliche Erde fortgeschafft und diese jeweils sofort durch ihre Sandbauten ersetzt hatten.

Etwas Ähnliches hatte ich aber sonst nirgends gefunden, und es blieb noch immer die Frage offen, was die Tiere mit der fortgebrachten Erde angefangen hatten, denn in weitem Umkreis war keine gewöhnliche Erde zu sehen. Ich erwähne das nur als ein Beispiel für die unzähligen noch ungelösten Probleme, mit denen man ständig konfrontiert wird, wenn man die Termitenbauten untersucht.

Während dieser Reise ergriff ich die Gelegenheit, einige Experimente durchzuführen, die erweisen sollten, wie weit Magnetismus die Termiten beeinflußt. Ich besorgte mir ein Dutzend der stärksten Stahlmagneten, die aufzutreiben waren, überzeugte mich jedoch bald davon, daß mein magnetisches Feld doch noch zu schwach war. Um hier zu einem definitiven Resultat zu kommen, wäre ein starker Elektromagnet nötig gewesen.

Für mich besteht trotzdem kein Zweifel, daß der Erdmagnetismus die Tätigkeit aller Termiten beeinflußt; ich erinnere in diesem Zusammenhang an den Wasserschacht in Waterberg, der Krümmungen nur in der Ost-West-Richtung aufwies.

Die sogenannten »Kompaß-Termiten« bauen ihre Hügel immer derart, daß der kleinste Durchmesser nach dem magnetischen Nordpol zeigt, und der verstorbene Mr. Claude Fuller behauptet, daß die Gipfel des Macrotermes bellicosus immer nach dem geographischen Westen geneigt seien.

Auf dem Lowveld stellten wir fest, daß die Bauten der Macrotermes bellicosus in der einen Richtung alle einen kleineren Durchmesser hatten, also schmaler gebaut waren als in der anderen. Der größere Durchmesser zeigte immer von Osten nach Westen.

In der Nachbarschaft dieser zuletzt erwähnten Termitenbauten stand eine Palme von 48 Meter Höhe. Ganz zufällig entdeckte ich an ihrem Stamm eine gedeckte Termitenstraße, die bis in den Wipfel führte und dort im Blattwerk verschwand. Es stellte sich dann heraus, daß diese Straße von den Eutermes-Arbeitern benutzt wurde, um von der Spitze der Palme Wasser in ihr Nest zu holen, das 18 Meter vom Fuß der Palme entfernt war.

Auf dieser Reise habe ich dann die Kunst der Eutermes-Baumeister mehr im einzelnen studiert, und während ich ihre Bauten untersuchte, stieß ich immer wieder auf das Problem ihrer Ernährung. Claude Fuller und andere bekannte Forscher nennen die Eutermes die »Heumacher« und sind davon überzeugt, daß das Gras, welches von diesen Termiten gesammelt wird, zur Nahrung benutzt wird. Bei einer Untersuchung ihrer Nester entdeckt man immer wieder Gänge, die mit trockenen Grashalmen von etwa eineinhalb Zentimeter Länge gefüllt sind. Die Eutermes tragen das Gras des Nachts durch die in alle Richtungen verlaufenden Gänge herbei und speichern es in Vorratsräumen auf, die ab und zu diese Gänge unterbrechen. Manchmal ist das Innere eines Hügels so mit Gras angefüllt, daß die Soldaten und Arbeiter kaum mehr durchkommen können. »Nahrung«, sagt mein Freund Claude Fuller, und »Nahrung« sagen alle anderen Forscher, ohne daß ihnen die geringsten Zweifel an der Richtigkeit ihrer Behauptungen kämen.

Das Gras muß zur Nahrung dienen, meinen sie, weil so große Mengen aufgestapelt werden und die Tiere soviel Mühe darauf verwenden, es einzusammeln. Einen anderen Grund kann niemand dafür angeben, denn es hat noch keiner die Eutermes tatsächlich Gras fressen sehen, noch ist je eine Spur von Gras in dem Körper einer Termite gefunden worden.

Ich persönlich habe diese Theorie schon vor Jahren über Bord geworfen, denn ich hatte mich durch mikroskopische Untersuchungen davon überzeugt, daß der Eutermes gar nicht dazu ausgerüstet ist, Gras zu kauen und hinunterzuschlucken. Beim Arbeiter könnte es noch am ehesten der Fall sein, denn seine Mundpartie ist zweifellos viel mehr ausgebildet als die des Soldaten, aber sie ist doch in der Richtung auf ganz spezielle Funktionen entwickelt – das Tragen von Sandkörnern, das Zusammenleimen des Baumaterials, das Füttern der Königin und der Larven mit Flüssigkeit und das Zerschneiden von Grashalmen. Aber sie sind ganz unfähig, wie mir scheint, Grashalme zu kauen und zu schlucken. Ich habe auch nie unter dem Mikroskop in den Eingeweiden der Arbeiter und Soldaten die geringsten Spuren von Gras gefunden, sondern immer nur Flüssigkeit, die aus der Feuchtigkeit der Erde und aus dem Saft von verarbeiteten Pflanzenwurzeln zu stammen schien.

Später wurden meine Vermutungen durch Beobachtungen, die man in Amerika machte, bestätigt. Ich erwähnte schon früher, daß die Gewohnheiten der Ameisen und Termiten in vielen Punkten sehr ähnlich sind, so daß das Verhalten der einen den Schlüssel zum Verständnis der anderen abgeben kann.

In Südamerika gibt es nun eine Ameisenart, die als »Blattschneider-Ameise« bekannt ist; sie schadet den Bäumen sehr, weil sie aus den Blättern runde Stücke herausschneidet. Sie wirft die herausgeschnittenen Stücke auf den Boden, wo andere Ameisen, die wartend bereitstehen, sich darauf stürzen, um sie in ihr Nest zu tragen. Ohne dies weiter zu untersuchen, nahm man an, daß die Blätter zur Nahrung dienten. Kürzlich jedoch hat ein Forscher bewiesen, daß die Blätter niemals zur Nahrung benutzt werden. Statt dessen werden sie neben dem Nest in Massen aufgestapelt, da, wo die Sonnenhitze am stärksten ist. Der Beobachter schloß daraus, daß die Blätter zum Schutz gegen die tropische Sonne dienen. Ob das stimmt, kann ich nicht sagen; aber soviel ist sicher, daß die Blätter unter keinen Umständen gefressen werden. Ich fragte mich dann, ob der Eutermes das Gras wohl zu einem ähnlichen Zwecke verwendet, aber das konnte ja nicht der Fall sein, weil

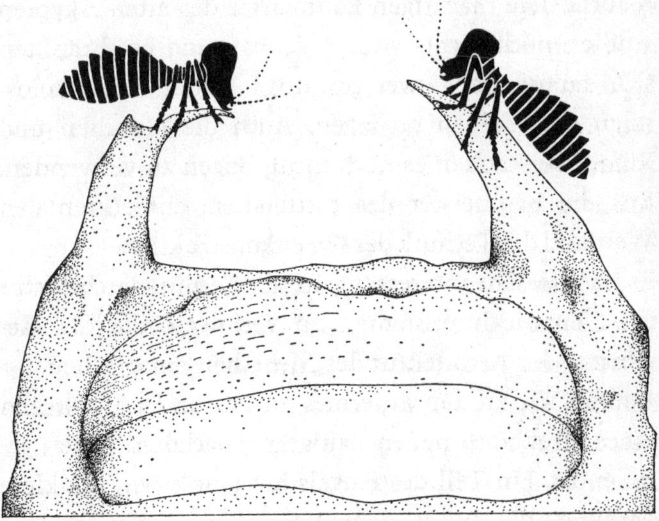

Trinervitermes-Arbeiter beim Bau eines Bogens, der durch allmähliche Annäherung von zwei Pfeilern entsteht.

schon die Art, wie er das Gras aufbewahrt, nicht an Sonnenschutz denken läßt.

Ich habe dann folgendermaßen überlegt: Alle Bauten der Termiten beruhen auf dem Prinzip der Bogenkonstruktion. Wahrscheinlich waren diese Insekten die ersten Architekten, die das Problem des Bogenbauens gelöst haben. Der Mensch hat Jahrhunderte dazu gebraucht. Die mächtigen Baumeister des alten Ägypten wußten noch nichts vom Bogenbau und beschränkten sich darauf, über zwei gewaltige Pfeiler einen kolossalen Querbalken zu legen. Auch die Griechen und Römer verstanden es noch nicht, Bogen zu verwenden. Erst die Baumeister des Mittelalters entdeckten den Wert und die Technik der Bogenkonstruktion.

Es ist nun sehr interessant, in der Termitenarchitektur zwei Entwicklungsstadien zu verfolgen, die der Geschichte der Architektur des Menschen entsprechen.

Kehren wir zu den Eutermes zurück und untersuchen eines ihrer noch neuen Bauwerke, nachdem Regen gefallen ist. Ein Teil des Hügels hat eine etwas dunklere Färbung, die unter dem Vergrößerungsglas als ein feuchter Fleck zu erkennen ist, dem die äußere Kruste fehlt. Man kann ein kleines Stück davon wegschneiden, ohne die Arbeiter zu verscheuchen. Wir haben nun die Möglichkeit, das Werk der frühesten Architekten der Erde zu studieren.

Ich sagte, der Bogenbau sei die Grundlage der Eutermes-Architektur; ihre Bogen werden aber auf zweierlei Weise ausgeführt. Die primitivere Art besteht darin, daß zwei vertikale Pfeiler mit einer zunehmenden Neigung gebaut werden, so daß sie sich schließlich in einer gewissen Höhe treffen müssen. So hat auch der Mensch seine ersten Bogen zu bauen begonnen.

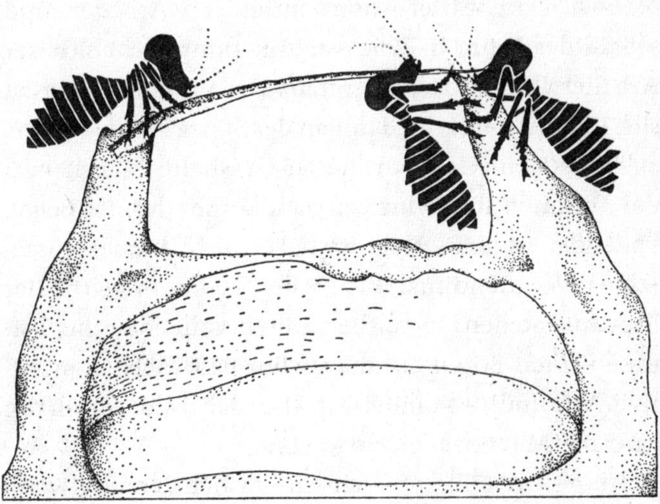

Trinervitermes-Arbeiter beim Bogenbau · In diesem Fall wird ein Grashalm zwischen den Pfeilern ausgespannt und mit winzigen Sandkörnern bedeckt.

Aber nun kann man beobachten, wie ungefähr jeder achte Arbeiter statt eines kleinen Kiesels einen Grashalm trägt. Er klettert an einem der Pfeiler in die Höhe, befestigt den Grashalm mit Hilfe der klebrigen Flüssigkeit an der Spitze des Pfeilers und stürzt dann davon, ohne sich weiter um irgend etwas zu kümmern. Es geschieht folgendes: der Grashalm neigt sich langsam gegen den anderen Pfeiler, bis sein Ende dessen Spitze berührt. Dort wartet schon ein anderer Arbeiter, und sobald der Halm in Reichweite kommt, reckt sich der Arbeiter ihm entgegen, ergreift ihn und zieht ihn zu sich herunter, um ihn dann an der Spitze seines Pfeilers zu befestigen. Und auf diesen Grashalm kleben nun die Termiten ihre winzigen Sandkörner, bis der Bogen vollendet ist. Mißerfolg ist dabei nicht immer ausgeschlossen. Manchmal bleibt der Halm in vertikaler Richtung stehen. In solchen Fällen vollenden die Termiten ihren Bogen auf die vorhin beschriebene primitive Art, und es kommt vor, daß dabei der Grashalm ganz mit Mauerwerk bedeckt wird.

Warum sie überhaupt zu einem Grashalm greifen, wenn sie doch imstande sind, auch ohne ihn fertig zu werden, kann ich nicht sagen. Vielleicht handelt es sich hier um die letzten Reste eines Prinzips, das sonst kein Lebensrecht mehr besitzt. Was aber auch immer die Erklärung sein sollte, so bin ich doch sicher, daß der Eutermes niemals Grashalme als Nahrung verwendet.

Die Königin in ihrer Zelle

Erst lange, nachdem ich die meisten meiner Beobachtungen schon veröffentlicht hatte, bot sich mir die Gelegenheit, die für die Psychologie der Termiten bedeutsamste Erscheinung mit Muße zu untersuchen, nämlich das Verhalten der Königin, sofern es einen lebendigen und wirksamen Faktor im ganzen Gemeinwesen darstellt. Hunderte von Malen hatte ich bei Termitenhügeln auf freiem Felde vergeblich versucht, die Königinzelle so weit bloßzulegen, daß ich ihre Funktionen und das, was in ihrer unmittelbaren Umgebung geschieht, beobachten konnte. Meine Versuche hatte ich natürlich immer an einem vollkommen ausgewachsenen Bau vorgenommen, denn die ersten Entwicklungsstadien eines Nestes waren mir bereits bekannt. Mein Wissen blieb lückenhaft. Ich wußte nicht, was in dem späteren Stadium geschieht, wenn die Königin in ihrer Zelle eingeschlossen ist und ihr Leben als Gehirn des ganzen Gemeinwesens weiterführt.

Da hatte ich ganz unerwartet in Pretoria einmal die Möglichkeit, diese wichtigen Dinge bequem zu beobachten. In der Arlouis Lane lag ein Haus, das schon jahrelang von Termiten heimgesucht war. Alle Versuche, es von ihnen zu befreien, waren vergeblich geblieben. Die Königin war niemals gefunden worden; und immer, wenn man das Haus wieder instandgesetzt hatte, begannen die Termiten ihr Zerstörungswerk von neuem. Schließlich übernahm es die Stadtverwaltung, sie endgültig zu vernichten.

Mit dem größten Interesse verfolgte ich die Arbeiten, die alle darauf gerichtet waren, die Spur der Königin zu finden. Nachdem man einige Tage vergeblich gesucht hatte, machte ich dem Leiter der Arbeiten einen Vorschlag. Ich war überzeugt, daß in diesem Falle nur *eine* Königin vorhanden sei, die Termiten also nicht unter dem Einfluß von zwei oder mehr Königinnen stünden, denen sie den Treueid schwören könnten, wenn ihre eigene vernichtet wird. So erbot ich mich, die Zelle ohne Hilfe der Arbeiter ausfindig machen zu wollen, unter der Bedingung jedoch, daß mir erlaubt würde, die lebende Königin für zwei oder drei Tage zu beobachten. Man ging freundlicherweise auf meinen Vorschlag ein.

Innerhalb weniger Minuten hatte ich drei der hauptsächlichsten Gänge und ihren Schnittpunkt entdeckt

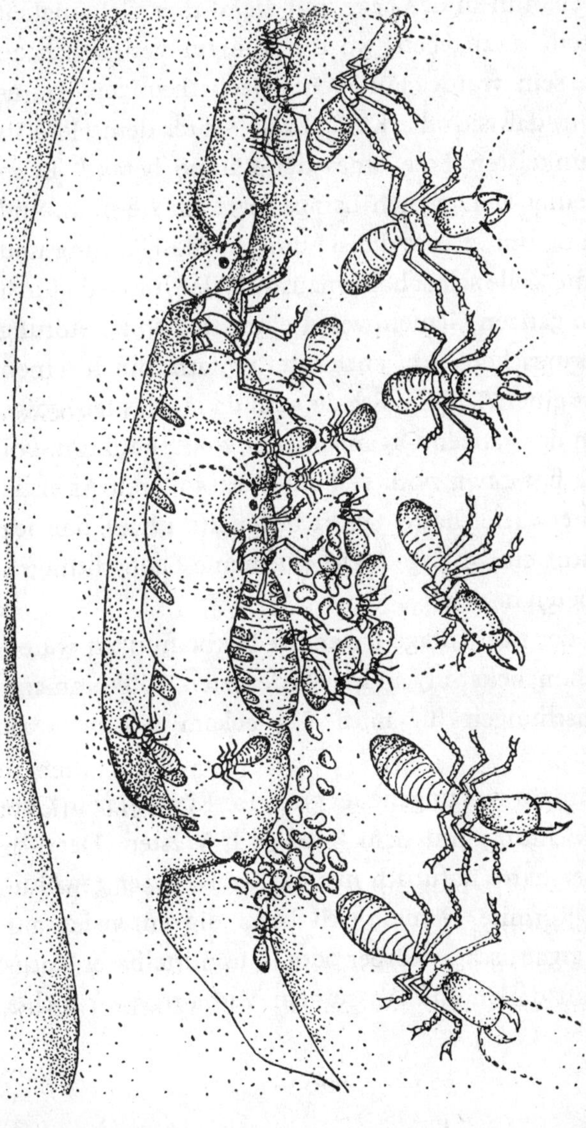

Termiten-Königin in ihrer Zelle, umgeben von ihrem König, den Arbeitern und der von Soldaten gebildeten Leibwache.

und war nun in der Lage, mit ziemlicher Genauigkeit die Stelle anzugeben, wo die Königin vermutlich zu finden sein würde. Für meine Beobachtungen traf es sich gut, daß sich die Königinzelle unter dem Herd in der dunkelsten Ecke eines der Räume befand. Beim Licht einer elektrischen Lampe legte ich sie bloß, und es gelang mir, zuerst die sie umgebende Höhlung und dann die Zelle selbst halb anzuschneiden, ohne dadurch in dem ganzen Gemeinwesen eine allzu große Störung zu verursachen. Ich entfernte einfach durch einen Schnitt einen Teil der Schale, und da lag das lebendige Gehirn des ganzen Organismus in voller Funktion vor mir! Es bot einen noch viel eindrucksvolleren Anblick, als ich erwartet hatte. Sofort bedauerte ich es, daß ich mir nicht einige Tage mehr für meine Beobachtungen ausgebeten hatte.

Einige der nun zutage tretenden Erscheinungen waren mir schon bekannt, andere bedeuteten vollkommene Überraschungen für mich. Ich bekam folgendes zu sehen:

Die Königin war ungeheuer groß. Ihr Körper lag in Ost-West-Richtung, mit dem Kopf nach Westen. Der König – er hatte natürlich nur die Größe einer gewöhnlichen Termite – hielt sich beständig entweder auf ihrem gigantischen Körper oder in unmittelbarer Nachbarschaft davon auf. An seinem Verhalten war nichts zu bemerken, das auf seine Funktionen hätte schließen lassen, obwohl ich jeden Augenblick genaue Notizen über alle seine Bewegungen machte.

Eine große Menge von Arbeitern der kleineren Sorte machte sich unaufhörlich auf dem Körper der Königin oder um sie herum zu schaffen. Unmittelbar vor ihrem Kopf befand sich eine Öffnung in der Zellenwand, die aber viel zu klein war, um die Königin hindurchzulassen. Zwei Ströme von Arbeitern bewegten sich durch diese Tür ständig hin und her, der eine hinausgehend, der andere hereinkommend. Wir stellten bald fest, daß diese Arbeiter mit drei verschiedenen Aufgaben beschäftigt waren:

1. Der eine Strom fütterte die Königin. Jeder einzelne Arbeiter kam nahe an ihren Kopf heran, reckte sich etwas, um ihren Mund erreichen zu können, und unmittelbar darauf erschien ein Tropfen jener klaren Flüssigkeit zwischen seinen Kiefern, der wie ein Diamant glitzerte und sogleich in der Mundöffnung der Königin verschwand. Sobald er dem Staatsoberhaupt seinen Tribut entrichtet hatte, ging der kleine Arbeiter um den riesenhaften Körper herum, um den auf der entgegengesetzten Seite der Zelle gelegenen Ausgang zu erreichen. Die Arbeit ging mit der größtmöglichen Eile vor sich, ohne daß jedoch ein Tier das andere mehr als unbedingt notwendig behindert hätte.

2. Von derselben Seite und mit ihnen zusammen kamen andere Arbeiter herein, die die Aufgabe hatten, die Eier hinauszutragen und für sie zu sorgen. Auch diese gingen um die Königin herum, um sich dann, jeder mit einem Ei, dem hinausströmenden Zuge anzuschließen. Da die Königin in vierundzwanzig Stunden fünfzigtausend Eier legte, kann man sich vorstellen, mit welcher Eile der Transport vor sich gehen mußte.
3. Eine kleinere Gruppe von Arbeitern war mit einer viel geheimnisvolleren Aufgabe beschäftigt, deren Sinn mir nicht ganz deutlich geworden ist. Ich vermutete, daß sie auf irgendeine Weise die Haut der Königin zu reinigen hätten. Sie erschienen entweder einzeln oder in Gruppen auf ihrem riesigen Körper und strichen in ständiger Bewegung ganz sanft mit den Kiefern auf ihrer Haut hin und her. Wir konnten sehen, daß sie leer hereinkamen, ihre Körper aber beim Hinausgehen mit einer farblosen Flüssigkeit gefüllt waren. Diese Flüssigkeit müssen sie aus der Haut der Königin herausgesogen haben, ohne sie doch dabei irgendwie zu beschädigen. Wir nannten sie die »Masseure«. Ich war jedoch nicht sicher, daß meine Theorie der Wahrheit entsprach. Es konnte auch sein, daß sie nicht die Königin säubern wollten, sondern die spezielle Aufgabe hatten, die Jungen zu füttern, und daß die Königin zu diesem Zweck eine Flüssigkeit absonderte.

Diese zweite Vermutung wurde durch die Beobachtung gestützt, daß sich die »Masseure«, deren Weg zu verfolgen allerdings seine Schwierigkeiten hatte, nach dem Verlassen der Zelle in die Brutgärten begaben, in denen sich eine große Zahl der winzigen weißen Babys befand. Dort fütterten sie diese Babys mit Tropfen einer farblosen Flüssigkeit in genau derselben Weise, wie die anderen Arbeiter die Königin gefüttert hatten. Mir kam darum der Gedanke, der Körper der Königin könne vielleicht als ein Organ dienen, das die Nahrung noch eine Stufe weiter verdaute, um sie für die »Kinder« zuträglich zu machen. Wenn dies der Fall sein sollte, so wäre es das auf dieser Lebensstufe erste Auftreten einer »Milch«-Absonderung durch die Mutter.

Außer dieser unermüdlichen Geschäftigkeit der drei Klassen von Arbeitern bemerkten wir dann eine noch viel interessantere Erscheinung. Die Zelle der Königin war von einem Kreis der größeren Soldaten umgeben, die sich in gleichem Abstand voneinander befanden. Die Ebene dieses Kreises war in einem Winkel von annähernd 45 Grad zum Wasserspiegel geneigt. Im Vordergrund der Palast-Höhle standen die Soldaten auf dem Boden, während sie an der entgegengesetzten Seite mit dem Kopf nach unten von der Decke herabhingen. Alle ihre Köpfe waren dem magnetischen Nordpol zugekehrt. Ich halte diese Tatsache für wichtig, weil ich, wie schon bemerkt, überzeugt bin, daß der Erdmagnetismus das Verhalten der Termiten beeinflußt.

Die Glieder dieser »Leibwache«, wie wir sie nennen wollen, verhielten sich die größte Zeit über ganz ruhig, aber hin und wieder ging eine merkwürdige Bewegung durch sie hindurch, ein Hin- und Herschwingen des Kopfes und des vorderen Teils ihres Körpers, das mich an den oft von Beobachtern beschriebenen Termitentanz erinnerte. Sobald ein Glied der Leibwache mit diesen Bewegungen begann, steckte es nach ein paar Sekunden seinen Nachbarn zur Rechten an, der dann seinerseits den Anstoß zu der Bewegung seinem Nachbarn weitergab, und so ging es im Kreise herum, bis der eigentliche Tanz wieder dort endete, wo er begonnen hatte.

Wir erlebten dann auch die Ablösung der Wache. Die neuen Wachsoldaten betraten die Palast-Höhle durch eine große Öffnung, die fast genau dem Kopfende der Zelle gegenüber lag, und bildeten einen zweiten Kreis innerhalb des ersten, der dann allmählich erweitert wurde, indem die neuen Soldaten sich in die Zwischenräume zwischen den abzulösenden begaben. Das war das Signal für diese, die Zelle einzeln hintereinander durch dieselbe Öffnung zu verlassen. Dies blieb die einzige Tätigkeit, die wir an den Soldaten beobachteten.

Was konnte dieser geheimnisvolle Kreis zu bedeuten haben? Ein anderer Beobachter, der später dasselbe Schauspiel in Südwest-Afrika mit ansah, hegte nicht die geringsten Zweifel, daß die Soldaten die Funktion einer wirklichen Leibwache, wie menschliche Souveräne sie sich halten, zu erfüllen hätten. Ich habe aber in dieser Hinsicht meine Bedenken. Jeder Feind, der schon so weit in das Nest vorgedrungen wäre, könnte mit Leichtigkeit die dünne Linie von Soldaten überwältigen. Man muß sich klarmachen, daß er, um bis hierher zu gelangen, den Weg durch meilenweite Gänge zurückgelegt haben müßte, wo er unzähligen Soldaten derselben Klasse begegnet wäre, die ihm im Notfall den heftigsten Widerstand geleistet haben würden und jeden Zollbreit Boden verteidigt hätten. Falls es ihm aber tatsächlich gelungen wäre, den Durchgang zu erzwingen, könnte die Leibwache der Königin auch keinen Schutz mehr bieten. Ich kann außerdem hinzufügen, daß es mir nicht gelungen ist, diese Leibwache zu einem Angriff aufzustacheln. Man konnte den einzelnen Soldaten mit dem Finger berühren und ihn von einer Seite zur anderen schieben, ohne daß einer von ihnen den geringsten Versuch gemacht hätte zu beißen, was jeder in einem anderen Teil des Nestes sofort getan haben würde. Die Soldaten der Leibwache schienen mir vielmehr nur bei halbem Bewußtsein zu sein, etwa so, als stünden sie unter der Einwirkung von Chloroform. Ich legte mir also eine andere Theorie zurecht. Der Termitenhügel bildet eine so vollkommene Analogie zu einem Tierkörper mit seinem Gehirn, seinem Magen, seiner Leber, seinem Blutstrom mit den zwei Arten von Blutkörperchen, daß ich immer geneigt bin, ein unbekanntes Phänomen im Termitenhügel dadurch zu erklären, daß ich es in Vergleich zu Vorkommnissen im Körper höherer Tiere setze. Schon mehrmals war mir aufgefallen, daß dem Termitenhügel ein Organ fehlt, das die ganze Gemeinschaft an ihr »Gehirn«, die Königin, bindet, ähnlich wie es im zentralen Nervensystem im Tierorganismus zu finden ist. Ich hatte immer nach einem Etwas gesucht, das die Stelle der medulla oblongata[1] in der Wirbelsäule einnehmen können und die geheimnisvollen Ausstrahlungen der Königin allen Gliedern ihres Gemeinwesens vermittele. Die folgende Theorie ist allerdings nur durch sehr geringes Beobachtungsmaterial gestützt; ich will sie hier auf gut Glück mitteilen. Vielleicht werden zukünftige Beobachter Gelegenheit haben, den geheimnisvollen Kreis genauer zu untersuchen und seine Funktion zu ergründen. Jedenfalls können wir sicher sein, daß eine solch komplizierte und gleichmäßig funktionierende Einrichtung einen ganz bestimmten Zweck haben muß.

[1] Das verlängerte Mark.

Vorher muß ich aber noch einen weiteren Umstand erwähnen, der geeignet ist, meiner Theorie eine größere Wahrscheinlichkeit zu verleihen.

Während wir die Königin beobachteten, löste sich ein ziemlich großes Stück Lehm von einer Ecke des Zellendaches, fiel auf sie herunter und versetzte ihr einen nicht geringen Schlag. Sofort trat eine Reihe merkwürdiger Ereignisse ein. Die einzige Wirkung, die der Schock auf die Königin selbst ausübte, bestand darin, daß sie ihren Kopf in rhythmischer Weise hin und her zu bewegen begann. Sofort stellten daraufhin die Arbeiter in der Zelle ihre Tätigkeit ein und wanderten in Gruppen ziellos umher. Der Ring der Leibwache löste sich auf, und die meisten ihrer Glieder verschwanden in den Gängen, die sich hinter der Palast-Höhle weiter erstreckten. Darauf strömten Massen von winzigen Arbeitern herbei, drängten sich in die Zelle und bedeckten den Körper der Königin, um genau in derselben Weise, wie die Masseure es getan hatten, die Flüssigkeit durch ihre Haut aufzusaugen. Der König beteiligte sich eifrig an dieser Aussaugung seiner Gemahlin. Sie hatten damit einen so großen Erfolg, daß in wenigen Minuten die Haut der Königin in losen Falten herabhing.

Während dieser Zeit untersuchten wir die Außenabteilungen des Nestes, wo sich die Termiten vor diesem

Unfall in eifriger Tätigkeit aufgehalten hatten. Jetzt hatte auch in den entferntesten Gegenden alle Arbeit aufgehört. Die großen Arbeiter und Soldaten versammelten sich aufgeregt in verschiedenen Teilen des Nestes und hatten offensichtlich das Bestreben, sich in Gruppen zu vereinigen. Es konnte nicht der geringste Zweifel bestehen, daß der Schock der Königin bis in die entferntesten Winkel des Termitenbaues verspürt worden war.

Nach einiger Zeit setzte dann die Beruhigung an der Stelle ein, wo die Aufregung begonnen hatte. Langsam hörten die Arbeiter auf, sich um den Körper der Königin zu bemühen. Die Leibwache bezog wieder ihre Posten, und die Königin stellte die rhythmischen Kopfbewegungen ein. Sie schien sich allmählich von dem Schrecken zu erholen. So schnell, daß man mit den Augen kaum alle Stadien verfolgen konnte, begann wieder die normale Tätigkeit. Als einzigen Unterschied bemerkte ich, daß die Arbeiter offensichtlich die Fütterung der Königin beschleunigten, und es dauerte gar nicht lange, da hatte sie von neuem ihre vorherige riesenhafte Größe erreicht. Am folgenden Tage war die Arbeit in allen Teilen des Termitenbaues wieder in vollem Gang.

Unsere Beobachtungen konnten wir dann nicht weiter fortsetzen, denn die mir gewährte Zeit war verstrichen.

Man hatte inzwischen die Brutgärten in den übrigen Räumen des Hauses zerstört; aber nun holte man auch die Königin aus ihrer halb aufgebrochenen Zelle heraus und nahm sie gefangen; damit war es dann mit aller Arbeit und dem Leben in diesem Termitennest für immer vorbei.

Bildquellennachweis

Frau Becker-Rosenlehner stützte sich bei der Neugestaltung der Bilder auf folgende Arbeiten:

A. Bouillon, Etudes sur les termites africains. Léopoldville 1964.

K. Escherich, Die Termiten oder weißen Ameisen. Leipzig 1909.

Annales du Musée royal du Congo Belge, Vol. 17, 1952: *Jules Desneux,* Les constructions hypogées des apicotermes Termites de l'Afrique tropicale. *Alfred E. Emerson,* The African genus Apicotermes.

Hans Schmidt, Die Termiten. Ihre Erkennungsmerkmale und wirtschaftliche Bedeutung. Leipzig 1955.

S. H. Skaite, Dwellers in Darkness. London 1955.

Grzimeks Tierleben, II Insekten. Zürich 1969.

Die Abbildungen der Seiten 2, 29 (unten), 97 und 129 stammen von *Charles A. Kofoid* und wurden vom F. A. Herbig Verlag zur Verfügung gestellt.

Claudia
und Reinold
Fischer

Tu was!

Das Umweltbuch
zum Mitmachen

Ullstein Buch 34298

Ullstein Sachbuch

»Claudia und Reinold Fischer vermitteln in leicht verständlicher Form das Wissen um Zusammenhänge, um Ursachen und Wirkungen innerhalb ökologischer Kreisläufe. Das Buch will zum Denken, Fühlen und Machen anregen. Jeder Mensch kann seinen eigenen Beitrag zum Umweltschutz leisten – im Haushalt, am Arbeitsplatz, in der Freizeit ... In diesem Buch gibt es Fakten und Zustandsbeschreibungen. Der Leser erfährt u. a., was ein Biotop ist und wie man sich gegen Schwermetalle schützen kann, weshalb Pflanzen um und am Haus so wichtig sind, welche Bedeutung Energiesparen hat und was man alles aus Naturmaterialien basteln kann ...«

Osnabrücker Zeitung